果酒酿造技术丛书

果酒酿造技术

于志海　编著

中国轻工业出版社

图书在版编目（CIP）数据

果酒酿造技术 / 于志海编著. — 北京：中国轻工业出版社，2024.1
（果酒酿造技术丛书）
ISBN 978-7-5184-4031-3

Ⅰ. ①果… Ⅱ. ①于… Ⅲ. ①果酒—酿酒 Ⅳ. ①TS262.7

中国版本图书馆 CIP 数据核字（2022）第 098212 号

责任编辑：王　韧

文字编辑：杨　璐　　责任终审：劳国强　　整体设计：锋尚设计
策划编辑：江　娟　　责任校对：宋绿叶　　责任监印：张　可

出版发行：中国轻工业出版社（北京鲁谷东街 5 号，邮编：100040）

印　　刷：三河市万龙印装有限公司

经　　销：各地新华书店

版　　次：2024 年 1 月第 1 版第 2 次印刷

开　　本：720×1000　1/16　印张：14.5

字　　数：292 千字

书　　号：ISBN 978-7-5184-4031-3　定价：68.00 元

邮购电话：010-85119873

发行电话：010-85119832　010-85119912

网　　址：http://www.chlip.com.cn

Email：club@chlip.com.cn

如发现图书残缺请与我社邮购联系调换

232097K1C102ZBW

前　　言

　　果酒作为一种低酒精度的功能性饮料酒，是未来健康饮品的发展方向。本着抛砖引玉的目的，笔者在多年果酒专项研究及生产实践的基础上，结合当前国际、国内的先进研究成果，总结撰写了本书，以期为果酒生产提供参考。

　　本书以工艺为逻辑线，将基本原理和基本操作以"例"的形式按照操作顺序展开，包括原料用量的估算与处理、酵母与酒精发酵、苹果酸-乳酸发酵、辅料的应用、酒精度的设计与调糖、下胶的原理与操作、调酸的基本原理与操作等。酒的类型涵盖干型、甜型以及白兰地、加强型酒等。上述原理和操作穿插在火龙果、刺梨、蓝莓、猕猴桃、苹果、红枣、山楂、白梨、水晶葡萄、沙子空心李、无花果共 11 种水果的酿造工艺中。本书适合广大果酒企业生产人员、科研人员、大中专院校的学生与教师、自酿酒爱好者等参考使用。

　　本书在编撰过程中参考了诸多科研文献资料，笔者在此一并致谢，同时对本书提供帮助的同志表示衷心的感谢。由于编者水平有限，不足之处在所难免，欢迎广大读者批评指正。

2022 年 6 月

目　　录

第一章　果酒酿造的基础知识

果酒属于酒类中的一大类，具有酒精度低、种类多、品种奇特等特点。本章主要介绍果酒的概念、分类及酿造原理，特别是生化原理。

第一节　果酒的概念

果酒是指以水果果汁（浆）等为主要原料，经全部或部分酒精发酵酿制而成的含有一定酒精度的发酵酒（QB/T 5476—2020），是饮料酒（GB/T 17204—2021）的一种。一般发酵型果酒的酒精度在 8%～12%vol，富含花青素、甜菜素、多酚、抗坏血酸、黄酮、维生素、多糖等功能性物质。因果酒酒精度低、颜色绚丽、营养价值高，随着人们对自身健康意识的提升，果酒行业具有很大的发展空间。

第二节　果酒的分类

按照酿制方法、含糖量和原料的不同，可以将果酒分成不同的种类。

一、按照酿制方法分

1. 发酵型果酒

发酵型果酒是指用果浆或果汁发酵而成的果酒。

2. 浸泡型果酒

浸泡型果酒是指用白酒、黄酒、食用酒精等为基酒浸泡水果，并按照需求加入不同辅料调配而成的果酒。

3. 发酵浸泡型果酒

（1）分别采用发酵法和浸泡法制取原酒，然后将两种原酒按一定比例进行调配而成的果酒。

（2）先浸泡果实，制取浸泡原酒，再向果渣中兑入糖水，加入酵母进行发酵，制取发酵原酒，最后将两种酒按照不同比例进行调配。

4. 蒸馏果酒

蒸馏果酒是指将果品进行酒精发酵后再经过蒸馏而得的酒。蒸馏果酒的酒精度多在 40%vol 及以上。

5. 起泡果酒

起泡果酒是指以发酵果酒为基酒，经密封，二次发酵产生大量 CO_2 而制成。香槟酒是一种起泡果酒。

二、按含糖量分类[*]

1. 干型果酒

总糖含量≤4.0g/L，酒的糖分几乎发酵完全，饮用时基本感觉不到甜味，酸味明显。

2. 半干型果酒

4.1g/L≤总糖含量≤12.0g/L，微甜。

3. 半甜型果酒

12.1g/L≤总糖含量≤50.0g/L，甜味明显，爽顺。

4. 甜型果酒

50.1g/L≤总糖含量，甜味突出，有甜醉感。

按含糖量分类见图 1-1。

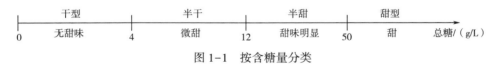

图 1-1 按含糖量分类

三、按原料分类

1. 浆果果酒

蓝莓果酒、桑葚果酒、猕猴桃果酒、火龙果果酒、无花果果酒等。

2. 梨果果酒

苹果果酒、梨果酒、山楂果酒、枇杷果酒等。

注：* 参见 NY/T 1508—2017。

3. 核果果酒

桃果酒、青梅果酒、杨梅果酒等。

4. 柑果果酒

橘子果酒、柚子果酒、橙子果酒等。

5. 其他果酒

菠萝果酒等。

不同的酿酒原料见图1-2。

（1）火龙果　　　　（2）苹果　　　　（3）橘子　　　　（4）桃

图1-2　不同的酿酒原料

第三节　酿造原理

果酒酿造过程中，酵母将果实中的可发酵性糖类转化为酒精后，再经陈酿澄清过程中的酯化、氧化、沉淀等作用，形成酒液澄清、色泽鲜艳、醇和芳香的果酒。果酒酿造主要包括主发酵（或称前发酵/酒精发酵）和后发酵（或称二次发酵）两个阶段。接下来介绍这两个阶段的生物化学原理。

一、主发酵的生物化学原理

从果汁泵入发酵罐到新酒分离这段过程称为主发酵。主发酵是借助酵母中的酶系完成的。糖酵解是酒精发酵的核心（Taillefer and Sparling，2016）。醪液中的单糖（主要是己糖，如葡萄糖和果糖等）（Hou et al，2017；Ye et al，2019）可直接进入糖酵解途径（图1-3），而寡糖（蔗糖和麦芽糖等）可经酵母中的酶（如蔗糖酶）将寡糖分解为单糖（主要是六碳糖）后，也可以进入糖酵解途径。糖酵解经过10步反应，形成丙酮酸。在酵母中丙酮酸的去路有两条：一是在无氧条件下，丙酮酸在丙酮酸脱羧酶的催化下脱掉1个羧基，转化为乙醛，接着乙醛在乙醇脱氢酶的作用下，将乙醛还原为乙醇，这一步还原需要 $NADH+H^+$ 提供 H^+，乙醛还原为乙醇的同时，使 $NADH+H^+$ 重新氧化为 NAD^+，可以再作为 3-磷酸甘油醛脱氢酶的辅酶使无氧酵解持续进行（图1-4）。

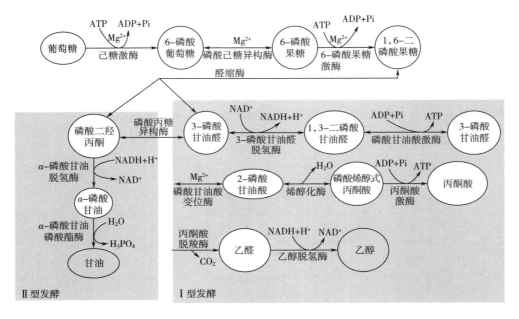

图 1-3　糖酵解及酒精发酵途径

（资料来源：Saavedra et al, 2019）

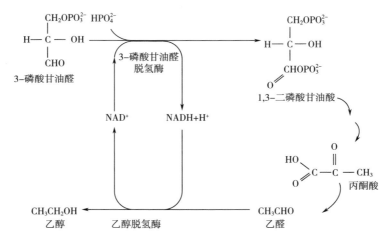

图 1-4　无氧酵解持续进行示意图

（资料来源：辛嘉英, 2019）

葡萄糖进行酒精发酵时的反应式可表示为式（1）。

$$C_6H_{12}O_6 \longrightarrow 2C_2H_5OH + 2CO_2 \uparrow + 热量 \qquad (1)$$
$$180 \qquad\qquad 92 \qquad\quad 88$$

蔗糖进行酒精发酵的反应式可表示为式（2）。

$$C_{12}H_{22}O_{11} + H_2O \longrightarrow 2C_6H_{12}O_6 \longrightarrow 4C_2H_5OH + 4CO_2 \uparrow + 热量 \qquad (2)$$

根据式（1）可计算出理论产酒率为92/180×100%＝51.11%，实际上，酒精的产率达不到此值，在酒精发酵中，经验值显示酵母菌体积累需消耗1%～2%的葡萄糖，另外4%的葡萄糖用于形成甘油、有机酸和高级醇等（赵光鳌等，1987）。

因此实际葡萄糖的转化率约为46%，即100g葡萄糖可产生约46g乙醇。纯乙醇的相对密度为0.789（20℃），46g的体积约为58.3mL，所以实际上100g葡萄糖只能产生58.3%vol酒精，也即1.7g葡萄糖产生约1%vol的酒精。在酒厂实际计算时，根据该值进行核算，结果相对准确。在生产实践中，往往用蔗糖进行补糖，也可按照该值进行计算，因为1分子的蔗糖会分解为1分子的葡萄糖和1分子的果糖，这两种己糖的相对分子质量均为180，如果添加其他形式的糖就需要根据化学式进行重新核算。

酵母中丙酮酸的另一去路是在有氧条件下，丙酮酸经过氧化脱羧形成乙酰CoA，乙酰CoA进入三羧酸循环（TCA）（图1-5）（Mendes Ferreira，Mendes-

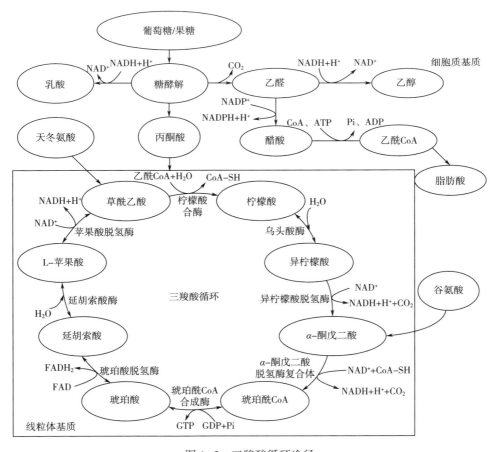

图1-5　三羧酸循环途径

（资料来源：Mendes Ferreira 和 Mendes-Faia，2020）

Faia，2020），经一系列氧化、脱羧反应，最终生成 CO_2 和 H_2O，并产生大量能量。按照最新磷氧比（P/O）进行计算，1 分子的葡萄糖在酵母中经三羧酸循环可产生 36 分子 ATP，为酵母的自身繁殖等生理代谢过程提供能量。

因此在主发酵过程中，需要间断通氧，为酵母的繁殖提供有氧环境和能量，同时又需要密封环境为酒精发酵提供无氧条件，否则在有氧条件下，糖全变成 CO_2 和水损失了，而不能获得预期的酒精。

二、后发酵的生物化学原理

新酒分离后将果酒储存一段时间，继续进行风味物质的合成，我们称之为后发酵，也称为陈酿。在该过程中会发生相应变化，包括物理变化，如果胶和蛋白质等杂质的沉淀、乙醇与水分子的缔合等；化学变化，如有机酸与醇类进行的酯化反应、酚类物质的褐化等，以及生物化学变化如苹果酸-乳酸发酵（Malolactic fermentation，MLF）或因管理不善导致细菌污染，使乙醇氧化或柠檬酸、甘油、酒石酸等被细菌分解而产生醋酸等。后发酵一般持续几个月，当后发酵接近完成时常常将环境温度提高到 25℃，使酒精浓度提高进一步杀死衰弱的酵母细胞，直到所有活动最终停止，后发酵要求发酵罐适当装满并密封，以防止杂菌污染。这里重点介绍苹果酸-乳酸发酵的生物化学原理。

苹果酸-乳酸发酵是乳酸菌将 L-苹果酸通过脱羧基形成 L-乳酸和 CO_2 的过程（Ruiz et al，2012）。苹果酸-乳酸发酵是果酒二次发酵中非常重要的过程，更是优质红葡萄酒酿造中必不可少的工艺之一（袁林等，2020），因为通过苹果酸-乳酸发酵过程，可以提高酒体的香气、风味的复杂性和生物稳定性（Betteridge et al，2015；Ruiz et al，2012）。在这些风味化合物中最常被描述的是双乙酰，然而酯、醇和其他羰基化合物的产生有助于形成奶油、辛辣、香草和烟熏味道，以使苹果酸-乳酸发酵后酒体具有更加柔软和饱满的口感（Betteridge et al，2015）。

苹果酸-乳酸发酵是在乳酸菌的作用下完成的。乳酸菌是革兰阳性菌，微需氧，可将糖（葡萄糖）转变为乳酸（Fugelsang，1997）。葡萄酒中最常见的乳酸菌是乳酸菌属、片球菌属、明串珠菌属和球菌属。球菌属的名字来自希腊语 oinos，意为"葡萄酒"。在三种酒球菌中，酒类酒球菌与葡萄酒相关，在葡萄酒中自然存在，因此在酒精发酵以后产生苹果酸-乳酸发酵就很常见，该菌不具有运动性、营养型、椭圆形到球形的细胞通常成对排列或成短链排列，最佳生长温度为 20~30℃，pH 为 4.8~5.5（Garvie，1967）。虽然葡萄皮上的乳酸菌占优势，但在整个酒精发酵过程中，酒类酒球菌的数量增加，通常成为葡萄酒中唯一在苹果酸-乳酸发酵完成时发现的物种。因其理想的风味效果，酒类酒球菌是苹果酸-乳酸发酵的首选菌种，适合于大多数红葡萄酒、陈酿白葡萄酒和起泡葡萄酒的风格（Betteridge et al，2015）。

苹果酸-乳酸发酵在技术上不是一种发酵，而是在 NAD^+ 和 Mn^{2+} 作为辅助因子且不含游离中间体的反应中，由乳酸菌将二羧酸（L-苹果酸）酶解为一羧酸（L-乳酸）的非产能的酶促反应过程（图 1-6）（Naouri et al，1990；李华，2011）。

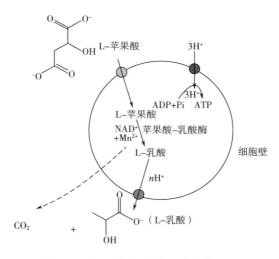

图 1-6　苹果酸-乳酸发酵的生化机理

虽然苹果酸-乳酸发酵增加了葡萄酒的 pH，但这种增加并不能刺激酒类酒球菌的生长。负责苹果酸-乳酸发酵的 3 个基因位于一个单一的基因簇中，*mleA*（编码苹果酸-乳酸酶）和 *mleP*（编码苹果酸透膜酶）位于同一操纵子上，*mleR* 编码下调转录的调节蛋白。苹果酸-乳酸酶的最大活性出现在 pH5.0 和 37℃时，并且被乙醇非竞争性地抑制，这表明了葡萄酒的环境对酒类酒球菌的生长非常不利。

葡萄酒环境明显抑制了苹果酸-乳酸发酵和酒类酒球菌的生长。因为引起胁迫和影响苹果酸-乳酸发酵的 4 个主要的葡萄酒参数是乙醇浓度（>16％vol）、低pH（通常低于 3.5）、SO_2 含量（大于 10mg/L）和低温（<12℃）（表 1-1）。所以要提高酒类酒球菌的发酵效率，可以从两个方面入手：一是遗传改造，二是筛选优良菌株（Betteridge et al，2015）。

表 1-1　　　　　葡萄酒中苹果酸-乳酸发酵的关键抑制因子
　　　　　　　　及其抑制机理

抑制因素	来源	最适条件	葡萄酒的典型环境	抑制机制	参考文献
乙醇	在酒精发酵中产生	高达 5％，可刺激生长	12％~15％vol	破坏细胞膜结合并改变膜流动性	（Da Silveira and Abee，2009）

续表

抑制因素	来源	最适条件	葡萄酒的典型环境	抑制机制	参考文献
低 pH	葡萄浆果的酸度和酿酒师干预	4.8~5.5	2.5~3.5	减少酒类酒球菌的生长和苹果酸-乳酸酶活性	(Tourdot-Maréchal, 1999)
低温	酿酒厂通常依靠环境温度来获得 MLF	25℃	12~20℃	影响生长速率, 拉长滞后期	(Fugelsang, 1997)
SO_2	由酵母菌产生; 在加工过程中添加以防止腐败	0mg/L	10~70mg/L	降低 ATP 酶活性, 降低细胞活力	(Ramon et al, 2002)

苹果酸-乳酸发酵在葡萄酒中有很多研究。实际上乳酸菌不仅能代谢苹果酸产生能量, 也能代谢柠檬酸等有机酸产生能量。这种代谢在火龙果果酒等特色果酒中研究很少或几乎没有, 而有机酸是果酒中非常重要的成分, 因此值得深入研究。

第四节　酒精发酵的主要副产物

果酒酿造中, 酒精发酵的主要副产物有甘油、有机酸、高级醇、甲醇等。

一、甘油

甘油主要在发酵初期由磷酸二羟丙酮转化而来。甘油具有甜味, 适量甘油可增加酒体的圆润感、醇厚感和黏度, 使口感更复杂。不同菌株产甘油能力有差异, 果汁中糖含量高、SO_2 含量高则果酒甘油含量相应高。

二、有机酸

果酒中含多种有机酸, 比较重要的有乳酸、醋酸、琥珀酸、苹果酸、柠檬酸和酒石酸等, 其中酒石酸、葡萄糖酸和苹果酸主要来源于水果, 而琥珀酸、醋酸、乳酸和丙酮酸等主要来源于酵母发酵过程 (Mendes Ferreira et al, 2020)。

此处重点介绍琥珀酸、醋酸和乳酸。

（一）琥珀酸

琥珀酸在葡萄中的含量很少，但在葡萄酒中却较高，可达 0.2～3g/L，这是酵母代谢的结果（Klerk，2010）。游离的琥珀酸除了酸味外，还有一种与众不同的咸苦味（Whiting，1976），在果酒陈酿老熟中有助于形成丰富的酯类，是最富于味觉反应的一种酸。理论上，酵母中琥珀酸的形成主要有 4 条途径：①TCA 循环的还原途径，丙酮酸羧化生成的草酰乙酸被还原为 L-苹果酸，失去 1 分子 H_2O 后，转化为富马酸，然后在富马酸还原酶的作用下形成琥珀酸；②TCA 循环的氧化途径中涉及 α-酮戊二酸的氧化脱羧，通过 α-酮戊二酸脱氢酶复合体的催化，形成琥珀酸；③通过乙醛酸途径，其中异柠檬酸被异柠檬酸裂合酶分解为乙醛酸和琥珀酸；④氨基酸的分解代谢，即天冬氨酸和谷氨酸的代谢可形成琥珀酸。实际上，琥珀酸的形成还与酵母菌株的遗传背景（Heerde et al，1978）、通气条件、发酵温度和生长基质的化学成分（Klerk，2010），尤其是氮的有效性和来源有关（Heerde et al，1978），通常在指数增长阶段形成。

（二）醋酸

醋酸是酵母产生的最重要的挥发酸（Bartowsky et al，2009），由乙醛脱氢酶将乙醛直接氧化而成，主要在指数生长阶段形成，产生量为 100～300mg/L（Ribéreau et al，2006）。醋酸的产生量与所用菌株、发酵温度和果汁的化学成分关系较大，特别是糖、维生素和氮的水平。醋酸含量过高，会有不良的感官效应，这往往与醋酸菌的污染有关，一般体系中不能超过 1.2g/L，否则可能已经遭到醋酸菌的污染。

（三）乳酸

乳酸主要来源于酒精发酵（丙酮酸加氢）和苹果酸-乳酸发酵。天然酵母缺乏有效的乳酸代谢途径，在酒精发酵过程中只产生微量的 D-乳酸。但葡萄酒中的乳酸终含量高达 100～500mg/L（Radler，1993），因为这与丙酮酸脱羧酶活性缺陷有关。硫胺素的缺乏有利于乳酸的产生，表明在这种情况下，NADH 被氧化是通过丙酮酸的还原而不是通过乙醛还原为乙醇（Whiting，1976）。因此，葡萄酒中含有大量的乳酸被认为是细菌活性的标志，乳酸主要来源于苹果酸-乳酸发酵。耐热克鲁维酵母是产生乳酸的少数酵母之一（Porter et al，2019；Santiago，2018），该菌的发酵能力比较广泛，乙酸和乳酸的产生量较低（Ana et al，2018）。这一特性促使人们在混合发酵或连续发酵过程中使用耐热克鲁维酵母菌株作为酵母的辅料，以减轻温暖葡萄种植区气候变化的影响，因为它能够增加葡萄酒的酸度，从而克服用这些地区葡萄生产的葡萄酒缺乏新鲜度的问题（Roullier-Gall et al，2020）。乳酸在葡萄酒的外加酸中，是添加效果最好的单一酸。

实际上在酵母发酵过程中会产生很多种有机酸，但这些有机酸的含量较少，对酒体的风味往往不能构成影响（Mendes Ferreira et al，2020），因此不再赘述。

三、高级醇

高级醇又称为杂醇油，是碳原子数大于 2 的脂肪族醇类的统称。所有酵母在进行发酵的过程中，均会产生一定量的高级醇。比较重要的高级醇为异戊醇、活性戊醇、异丁醇和正丙醇等。其中异戊醇又是高级醇中最重要的挥发性物质。高级醇可通过氨基酸代谢或合成相应氨基酸的糖代谢途径产生。果汁的质量越好，含糖量越高，高级醇含量越高。在生产过程中应采取一些措施控制高级醇的产生，因为高级醇通过氨基酸代谢途径产生，主要是由支链氨基酸如亮氨酸、异亮氨酸和缬氨酸为原料产生。该途径主要包括来源于氨基酸的分解代谢部分（Ehrlich 途径）和糖的合成代谢部分（Harris 途径）。实际上，在完整的糖分解代谢途径中 Ehrlich 途径和 Harris 途径是上下游关系。上游代谢途径是区隔化在线粒体中的氨基酸合成代谢途径（图 1-7），下游代谢途径是区隔化在细胞质中的氨基酸降解途径（Avalos et al，2013）。这些途径与糖和蛋白质的分解代谢不

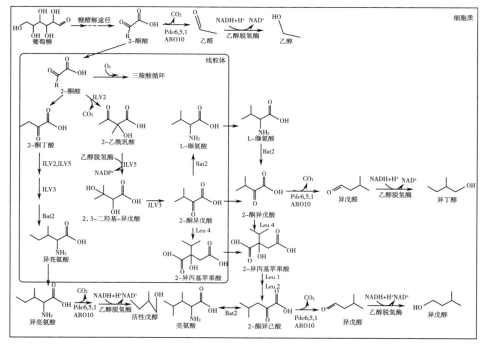

Pdc—脱羧酶 ARO—苯丙氨酸转氨酶 ILV—支链氨基酸合成酶

Bat2—支链氨基酸转氨酶 Leu1—异丙基苹果酸合成酶 Leu2—β-甲基苹果酸脱氢酶

R—取代基团 Leu4—丙基苹果酸合酶

图 1-7 支链氨基酸的高级醇产生途径

（资料来源：刘芳志 等，2016；Avalos et al，2013；Chen et al，2011；Dickinson et al，2000；Dickinson et al，1998；Hazelwood et al，2008；Park et al，2014；Querol et al，2018）

可分割，因为二者均可为细胞质中的 Ehrlich 途径提供氨基酸原料，因此在生产中要保证氮源即氨和氨基氮的含量，否则酵母细胞会转向于利用氨基酸作为氮源，从而留下转氨的产物——高级醇类，相反如果过量的氮源存在会降低高级醇的含量，这些氮源目前市场上均有出售。另外是选用低产高级醇的菌株，更为重要的是发酵过程中的通气量、温度和果汁的 pH 对高级醇的生成也有影响，当这些因素升高时，高级醇的生成量也会增加。

四、甲醇

甲醇为神经毒物，可经呼吸道、皮肤、消化道进入体内，对视神经、视网膜有特殊选择作用，可导致暂时或永久视力障碍甚至失明，人一旦误食 5g 就会出现严重中毒，超过 12.5g 就可能导致死亡（于清琴等，2019）。实际上，果酒中甲醇并不是伴随着发酵形成的产物，而主要是由原料中果胶质所含的半乳糖醛酸的甲氧基（—OCH_3）在果胶甲酯酶的作用下分解形成（于清琴等，2019；Zhang et al，2012）。因此果酒中的甲醇含量与原料的果胶含量相关性较大。通过工艺的调整可控制甲醇的产生量，如选择低甲醇产量的原料或少用果胶酶、在蒸馏白兰地时去掉头酒（甲醇沸点较低，蒸馏时先经 92~96℃ 开放式加热处理 10min，去头酒后再收集蒸馏液）（于清琴等，2019）、将原料预先浸泡处理可除去部分可溶性果胶等。微量的甲醇对人体健康不会造成危害，反而会提高酒体的风味。

$$果胶 + 水 \xrightarrow[\triangle]{果胶甲酯酶} 果胶酸 + 甲醇$$

酒精发酵过程中副产物还有酯、醛、酮、双乙酰等，其中酯类是在发酵或陈酿过程中由有机酸和醇类酯化产生的，属于芳香物质，对酒体的风味、质量有明显影响；醛类和酮类也属于芳香物质，特别是乙醛，含量超过阈值时，使果酒出现氧化味；双乙酰对果酒的影响比较复杂，能够使酒精饮料产生不良风味。

发酵和陈酿是非常复杂的过程，产生了很多中间代谢物，各种物质的滋味如表 1-2 所示。

表 1-2　　　　　　　　　　　果酒酿造过程中各产物的滋味

产物名称	滋味	产物名称	滋味
甘油	甜味	甲酸	辣味
琥珀酸	酸味、咸苦味	延胡索酸	烟味
醋酸	酸味、刺激	丙酸	酸白菜味
乳酸	酸味	乙酸酐	榛子味
柠檬酸	酸味	3-羟基丙酮	巴旦杏仁味
己醇	木头味、青草味	2-苯乙醇	玫瑰香味
乙醛（过量）	氧化味		

第五节　影响发酵的主要因素

一、氧气

酿酒酵母属于兼性厌氧菌，酿酒酵母在有氧条件下为呼吸作用，繁殖大量细胞，在无氧条件下是发酵作用，产生酒精和 CO_2，在该条件下，酿酒酵母只能繁殖几代即停止繁殖。因此在发酵过程中，需要进行控氧操作，按照生产守则对发酵罐进行通气并搅拌（或倒罐打循环），同时又需要做好控氧工作，进行通气和密闭间歇式处理，方可获得较高产量的乙醇。一般来说通氧时间短于密闭时间，因为长期的高溶氧环境会使酿酒酵母将能量用于大量繁殖后代而不是酒精发酵，这会造成所谓的"巴斯德效应"，即糖过多地消耗于繁殖细胞上，而酒精产量低，同时也会形成较多乙醛、高级醇、挥发酸等有害物质，使酒的口味变坏。值得一提的是在陈酿储藏过程中也应尽量避免与氧接触，因为果香物质、色素会被氧化，或引起好氧的醋酸菌、产膜酵母菌的生长，使酒变坏甚至酸败，因此在存酒时罐子一定要装满。工业生产上经常用在发酵罐中充入 CO_2 或氮气的方法排出 O_2，CO_2 的密度比 O_2 大，会停留在果汁表面起到隔离氧的作用。如果果汁起酵比较迅速，发酵罐中的 O_2 很快就会被发酵过程产生的 CO_2 逐出罐外，所以小型发酵罐无须充入 CO_2 和 N_2 进行隔氧处理。

二、温度

酿酒酵母的最适生长温度为 $28 \sim 30℃$，在 $10℃$ 以下很难出芽繁殖，但它对低温抵抗力极强，即使在 $-200℃$（赵光鳌等，1987）也不能全部杀死，没有乙醇时，在 $35℃$ 以上酿酒酵母的生长就开始受到抑制，$40 \sim 45℃$、$1h$ 可将其致死，有 $10\%vol$ 乙醇时，致死温度仅为 $30℃$。在 $10℃$ 以上，酿酒酵母耐乙醇的能力随着温度的升高而降低，如表 1-3 所示。

表 1-3　酿酒酵母发酵温度及耐乙醇能力（赵光鳌等，1987）

发酵温度/℃	10	15	20	25	30	35
葡萄汁发酵天数/d	8	6	4	3	1.5	1.0
最高酒精度/%vol	16.2	15.8	15.2	14.5	10.2	6.0

工业生产中推荐发酵温度为 15~18℃，火龙果果酒的发酵宜采用 18℃ 发酵。温度在 11~14℃ 发酵作用缓慢（有一特例，百香果发酵时温度宜控制在 12℃ 左右），较难起酵；温度上升至 20℃，随温度升高酿酒酵母生长及发酵的速度均加快，但醋酸的量也迅速增加；温度升至 25℃，起酵快、发酵剧烈，但酿酒酵母衰老快，最终形成的酒精度较低，果香明显挥发，而且腐败微生物在高温条件下易生长，使果酒质量下降。另外，糖类发酵是放热反应，每升葡萄汁中 10g 糖发酵，理论上会使这升葡萄汁升高 1.3℃ ［设葡萄汁比热为 4.186kJ/(kg·℃)］。因此在定制果酒设备时，发酵罐必须是带温控系统的，如果需要在冬天进行发酵，温控系统除了具有制冷系统外还需要配备升温功能，最好是自动控温系统，提高生产效率。

三、pH

酿酒酵母转化酶能将蔗糖转化为葡萄糖和果糖，转化酶的活性受到果汁里 pH 的调控，pH 越低，转化酶活性越高，蔗糖的水解速度就越快。酿酒酵母在微酸环境中（3≤pH≤4）生长和发酵比在酸性环境中（pH≤3）更好。相反，一些污染菌如大肠杆菌、醋酸菌、乳酸菌等在 pH3.5 以下时生长很缓慢。因此为了发酵安全进行，防止有害微生物繁殖，经常采用 3.2≤pH≤3.5 进行发酵。

四、糖浓度

微生物细胞的细胞膜是一种半透膜，糖类、盐类、电解质溶于水后均能对细胞膜产生一定的渗透压，此压力促使这些物质被吸进细胞内。酿酒酵母在 1%~5%（质量分数）的低糖浓度时生长发酵速度最快，含糖 5% 左右的溶液开始对酒精发酵有抑制作用，糖浓度超过 25% 则发酵出现迟缓，到 70% 左右时大部分果酒酿酒酵母不能生长和发酵，其原因是高糖浓度具有高渗透压、低水分活度。因此在酿造高酒精度的甜型酒时，为了防止渗透压太高抑制酿酒酵母发酵，糖应分次添加，才能保证发酵顺利进行。

五、SO_2 浓度

浓度为 25mg/L 的 SO_2 能延迟发酵，而要杀死酿酒酵母或真正终止发酵，SO_2 的用量需高达 1.2g/L。在果酒发酵时，控制一定添加量，用来抑制除酿酒酵母以外的一切杂菌的繁殖，使发酵能在相对纯种条件下安全进行。

SO_2 在果酒发酵中具有杀菌防腐、抗氧化、增酸、澄清、溶解色素等作用。SO_2 在果酒中以游离态和结合态两种形态存在，只有游离态的 SO_2 才起作用。因

此同样用量的 SO_2 在果汁和果酒中的抑菌效果是不一样的，因为果汁中的 SO_2 会与醛、糖等结合成结合态的 SO_2 而失去杀菌能力，因此果汁中的抑菌效果弱于后者。

SO_2 可以来源于硫黄燃烧、液态 SO_2、亚硫酸、亚硫酸盐等。生产实践中经常使用亚硫酸盐——偏重亚硫酸钾和偏重亚硫酸钠来作为 SO_2 添加剂。偏重亚硫酸钾的 SO_2 转化率为 57.6%，实际生产中按 50% 计算。

亚硫酸氢根离子与酒中含羰基化合物结合，生成亚硫酸加成物，称为结合 SO_2。未参与结合的亚硫酸氢根离子与分子态的 SO_2 一起称为游离 SO_2。根据经验，往往新酒在短时间内有一半 SO_2 会被结合；老酒有 1/3 被结合，2/3 游离。

实际上，在酒精发酵结束后，葡萄酒要进行苹果酸-乳酸发酵，酒中的游离 SO_2 是影响苹果酸-乳酸发酵的主要因素之一，只有将酒中游离 SO_2 含量控制在 30mg/L 以下，苹果酸-乳酸发酵才能正常进行。葡萄酒发酵过程中既要关注游离 SO_2 的浓度，同时也要关注 pH 的变化。葡萄酒中 SO_2 主要以硫酸氢根形式存在（94%~99%）（pH3.0~4.0），而在该 pH 下，分子态的 SO_2 占全部游离 SO_2 的 0.6%~6%，亚硫酸根离子只占很少比例，其作用可以忽略不计。因分子态的 SO_2 是最具活性的部分，SO_2 的抗氧化和抑制有害微生物的作用主要靠这部分未解离的分子态 SO_2 来完成。当 pH 从 3.0 增加到 4.0，分子态 SO_2 在游离 SO_2 中所占比例从 6% 下降到 0.6%，即有效部分减少至原 10%，因此在较高的 pH 下即使游离 SO_2 浓度很高，仍然起不到杀菌和抗氧化作用。分子态 SO_2 浓度至少要保持在 0.8mg/L 以上才具有杀菌的功效。

六、乙醇

乙醇（酒精）是发酵的主要产物，对酵母的生长产生抑制作用。果汁中酒精度达 5%vol 以上时，非酿酒用酵母的活动受到极大的抑制，酿酒酵母占优势，成为果酒中的优势微生物。酿酒酵母发酵可使酒精度至 13%~15%vol，如果发酵温度低（15℃），可缓慢发酵至 16%~18%vol，但对于大多数酵母很难使发酵酒精度浓度超过 20%vol。在 20%vol 或稍高的酒精度下，酵母和细菌均难以繁殖，因此很多酒厂经常用添加食用酒精至 20%vol 的方式保存果汁或果酒（加强型酒）。

七、氮源

果汁中可供酵母生长的含氮物质有肽、氨基酸和铵离子。虽然酵母偏好利用铵离子，但是果汁中的铵离子含量很低，故而氨基酸和肽是果汁中最重要的含氮物质。在果汁中含氮量低（以硝酸铵计低于 50mg/L）时，可以添加磷酸氢二铵［$(NH_4)_2HPO_4$］等铵盐（用量≤0.3g/L）；在起酵之前添加0.1~0.2g/L铵盐能增加酵母细胞数，加快发酵速度，有时在发酵缓慢的末期醪液中添加铵盐能使发酵得以继续，高糖果汁中添加铵盐可发酵获得较高的酒精度，添加铵盐还能降低高级醇的生成量。但是如果氮源已经充足了，少加或不加磷酸氢二铵为好，因为它会转化为一种潜在的致癌剂——氨基甲酸乙酯。过量的氮源会使菌株倾向于产生高浓度的H_2S，形成臭鸡蛋味。因此在酿酒过程中，需要谨慎使用酵母营养助剂（含磷酸二氢钾）。

第二章　火龙果果酒的酿造

火龙果是一种重要的热带、亚热带水果，富含甜菜素、不饱和脂肪酸等功能性物质，是开发特色果酒的优质原料。火龙果原产地为中美洲的哥斯达黎加、危地马拉、巴拿马等地，后传入越南、泰国等东南亚国家和中国的台湾、海南、广西、福建、云南、贵州等地。常见栽培品种为红皮红肉火龙果、黄皮白肉火龙果和红皮白肉火龙果（图 2-1）。尤以红皮红肉火龙果和红皮白肉火龙果常见。

（1）红皮红肉　　　　　（2）红皮白肉　　　　　（3）黄皮白肉

图 2-1　常见火龙果品种

种植于贵州省石漠化区域的红皮红肉火龙果（图 2-2）的采收季为每年的 6 月到 11 月底，每月采收 1 次，品质以 7~9 月的火龙果最佳，营养成分丰富，糖含量高、酸度适中。

截至 2019 年，火龙果的营养成分还未完全公布。美国农业部食品数据库报告显示，100g 的火龙果干可提供约 1100kJ 的能量，约 82%（质量分数，余同）的碳水化合物，约 4% 的蛋白质，约 11% 的维生素 C 和钙（表 2-1）。火龙果籽中富含油酸、亚油酸等不饱和脂肪酸，具有较高的营养价值。

（1）花期　　　　　　（2）绿果期　　　　　（3）绿果转色期　　　　（4）成熟期

图 2-2　不同生长时期的红皮红肉火龙果

表 2-1　　　　　　　　　　　　　火龙果的营养成分

每 100g 火龙果干的营养成分含量			两种火龙果的种子脂肪酸成分/%			
营养成分	含量	参考文献	营养成分	红皮红肉	红皮白肉	参考文献
能量	1100kJ		肉豆蔻酸	0.2	0.3	
碳水化合物	82.14g		棕榈酸	17.9	17.1	
膳食纤维	1.8g		硬脂酸	5.5	4.4	
蛋白质	3.57g	USDA 营养数据库	棕榈油酸	0.9	0.6	（Ariffin et al，2009）
维生素 C	9.2mg		油酸	21.6	23.8	
Ca	107mg		*Cis*-异油酸	3.1	2.8	
Na	32mg		亚油酸	49.6	50.1	
			亚麻酸	1.2	1.0	

第一节　工艺流程

工艺流程见图 2-3。

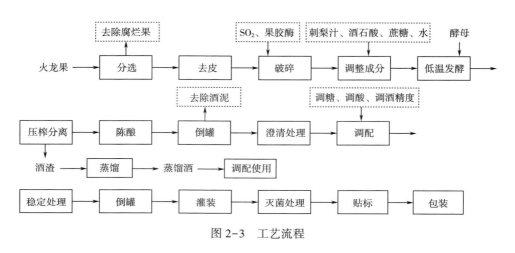

图 2-3　工艺流程

第二节　工艺关键点说明

一、原料分选与处理

选择高成熟度、无腐烂的果实，加工厂在收购火龙果时应对火龙果的糖含量进行检测，一般成熟红皮红心火龙果的白利度高于 $10°Bx$。带皮发酵的果酒味极苦，故不宜带皮发酵。人工或机器去皮后再破碎。一般按照罐体有效体积的 0.70~0.80 倍进行投料，切不可超 0.80，易爆罐（例 2-1）。

> **例 2-1　原料用量的估算**
>
> 刚开始酿造火龙果果酒时一定很迷惑该买多少原料，这就需要对所需原料的量进行估算，特别是在加工厂，这种估算更加重要。计算的逻辑是从所

需的纯果汁的量进行反推算，反推算的过程需要考虑原料的损失率，包括出汁率、皮重、榨汁损失等。

[例] 红皮红心火龙果的果肉得率为 67%~78%（Yu et al, 2021），投料系数按 0.75 计，计算 100L 的发酵罐需要的原料量。

解：100L 发酵罐所需的火龙果汁（肉）的量为：100×0.75＝75kg

因火龙果的果肉得率为 67%~78%，取 70%，则要获得 75kg 火龙果汁（肉）所需的火龙果原料为：75÷0.7≈108kg

运输损耗、腐烂等火龙果损失率估算为 2%，则所需购买的火龙果的量为：108÷0.98≈110kg

即购买 110kg 红皮红心火龙果即可满足酿造一罐 100L 火龙果果酒的要求。

二、火龙果破碎

火龙果果肉不需用专门的破碎机进行破碎，果肉通过螺杆泵泵入发酵罐，再经发酵罐的搅拌即可达到破碎的效果。破碎时，按 100mg/L 的量添加偏重亚硫酸钾、20mg/L 的量添加果胶酶（例 3-1）。搅拌均匀后测定果汁的糖酸指标。糖含量使用糖度计测（例 4-2），酸度使用 pH 计测（例 3-3）。pH 与总酸不成线性关系，但是 pH 降低，总酸会升高。

三、成分调整

破碎完的火龙果需要进行成分调整后，才能接种酵母进行发酵，该过程在酿造酒工艺学上称为原料改良。先按照 2∶1 的比例（火龙果∶酿造用水的质量比）加入酿造用水，然后检测果浆的 pH 和可溶性糖含量，并调整到目标值（例 2-2）。

例 2-2　果酒酿造过程中的近似计算

1. 辅料添加时的近似计算

不管是工厂生产还是自酿，在辅料添加时均需计算添加量。在生产实践中，水果的前处理工艺不同，获得的结果也不同。榨汁工艺可以获得果汁或清汁，打浆工艺获得的是果浆，破碎获得的是水果碎粒，这些会导致果汁的密度不一致，给按"g/L"为单位计算辅料添加量时带来麻烦，即原料的"L"该如何得来？实际上，在生产上有粗略计算，可通过称重获得质量，然后按"g≈mL""kg≈L"进行估计。

2. 投料量的近似计算

如上，在计算投料量时，按质量算，如100L的发酵罐，投料时，应投料约为100kg×0.70＝70kg至100kg×0.80＝80kg，实际生产中，不同的水果可能有差异，特别是在"吨"级发酵罐时，差异更大，此时应该以上完罐后的终体积为准。

[例]现有70kg火龙果汁，如按100mg/L的量添加偏重亚硫酸钾，请计算应加入多少偏重亚硫酸钾？

解：据题意，粗略估算可得添加的偏重亚硫酸钾的量为：70×100＝7000mg，即7g。

1. 调糖

特色果酒酿造中，大部分水果的白利度低于目标白利度（由目标酒精度决定），因此需要向果汁中添加足量的糖以达到目标白利度。为了计算出所需添加的糖质量，需要做如下两个工作：一是按例2-3计算出总共所需的糖含量 A，二是根据例4-2计算出当前水果中已含的糖含量 B。然后向果汁中添加 $A-B$ 质量的糖即可。所添加的糖一般为蔗糖，添加时最好分三次添加。火龙果中糖的种类见例2-3。

例2-3 火龙果中糖的种类

火龙果一年可采收6次左右，采收季的不同，火龙果的糖含量略有区别，在贵州省的盘江河谷地带所种植的火龙果的白利度为 $10\sim14°$ Brix，折算糖含量为 $103\sim148$ g/L。一般来说，果糖、葡萄糖和蔗糖是构成水果可溶性糖的主要成分（Zhang et al, 2010）。但是在贵州省罗甸地区成熟期的红皮红心火龙果中检出的三种主要糖却为葡萄糖、果糖和山梨糖，含量分别为124.44mg/g干重、113.03mg/g干重、37.38mg/g干重。这3种糖在成熟火龙果果肉中分别占总糖的43.21%、39.25%和12.98%（质量分数，余同）。而蔗糖的含量却仅为8.97mg/g干重，仅为葡萄糖的7.21%，果糖的7.94%（Wu et al, 2019），还检测到了岩藻糖、甘露糖、吡喃葡萄糖、糖苷、吡喃果糖、木糖、甘露二糖和肌醇，但这些糖在成熟期时的含量都很低（Wu et al, 2019）。

在广东省东莞市大岭山森林公园果园种植的红皮红肉火龙果中的主要可溶性糖也为葡萄糖、果糖和山梨糖，三者在成熟期的含量均超过了100mg/g鲜重，而蔗糖的含量却很低，不足20mg/g鲜重（Hua et al, 2018）。不同区域种植的火龙果的糖的构成是有区别的。种植于韩国济州岛哈利姆公园附近农场的红皮红肉火龙果利用气相色谱高通量飞行时间质谱（GC-TOF-MS）技术共检测到了糖、醇、酸共8种，分别为阿拉伯糖、木糖醇、鼠李糖、岩藻糖和果糖、葡萄糖、葡萄糖醛酸和葡萄糖酸（Suh et al, 2014），但是含量在文中未明确。这与中国的检测结果有差别，主要在于可溶性糖中没有蔗糖和山梨糖。

综上所述，种植于中国的红皮红肉火龙果中的糖主要为葡萄糖、果糖和山梨糖。

2. 调酸

酵母适宜在 pH 为 $3.3 \sim 3.7$ 的环境中生长发酵，当果汁的 pH 不在此范围时需进行调酸。先参照例 3-3 测出果汁中的 pH，当 pH<3.3 时，按例 5-1 计算出所需添加 $KHCO_3$ 的量，然后向果汁中添加适量的食品级 $KHCO_3$，达到降酸的目的。当果汁的 pH>3.7 时，按例 5-1 计算出所需添加酒石酸的量，然后向果汁中添加适量的食品级酒石酸，达到升酸的目的。在调酸时，先探明果汁中所含酸的种类是否有利于后期总酸的调整（例 2-4）。

例 2-4 火龙果中酸的种类

水果中的酸是果酒中酸的主要来源。深入分析水果中的有机酸种类及其含量有助于在酿造过程中有效把握工艺过程。利用 GC-TOF-MS 技术检测韩国济州岛哈利姆公园附近农场的红皮红肉火龙果的有机酸，共检测到了 4 种有机酸，分别为琥珀酸、富马酸、苹果酸、柠檬酸（Suh et al, 2014）。随后，中国的学者从火龙果中也检测到了 4 种有机酸，分别为苹果酸、柠檬酸、柠苹酸和草酸，并明确了苹果酸和柠苹酸为火龙果中的优势酸（Hua et al, 2018）。对红皮红肉火龙果的果肉和果皮中的有机酸含量分别进行了检测，结果发现在成熟期果肉内的有机酸含量高于果皮中的含量。在成熟期的果肉中共检测到了 9 种有机酸，分别为苹果酸、柠苹酸、琥珀酸、富马酸、柠檬酸、奎宁酸、α-酮戊二酸、棕榈酸和草酸。其中苹果酸和柠苹酸是成熟期红皮红肉火龙果的优势酸，前者占总有机酸的 75%，后者占 23%（Wu et al, 2019），其他的有机酸总共才占 2%。柠苹酸和苹果酸如图 2-4 所示。

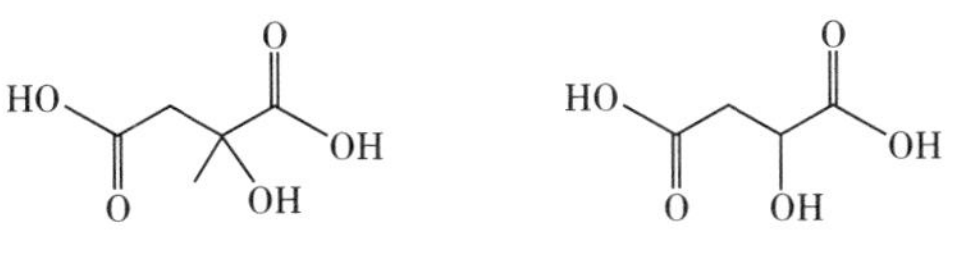

（1）柠苹酸的结构式　　　　（2）苹果酸的结构式

图 2-4　柠苹酸及苹果酸

（Hua et al, 2018）

柠莩酸是苹果酸的同系物，在 2 号碳原子上甲基取代氢即为柠莩酸。在果实成熟过程中柠莩酸能抑制苹果酸的积累（Hua et al, 2018）。

综上所述，火龙果中的优势酸为苹果酸和柠莩酸。

四、低温发酵

一般在火龙果果酒酿造时，添加 SO_2、果胶酶与原料改良几乎是同时进行。完成这些步骤后，需要将果汁放置 12~24h。然后按 0.2g/L 的量接种酵母（例 2-5），待果汁在常温下明显启动发酵后，将发酵温度控制在 16~18℃，进行低温发酵。主发酵过程中，每天需要利用液体比重计监测相对密度，当糖含量低于 4g/L 时，终止发酵，进行压榨。另外，发酵过程中需定时通氧搅拌或打循环。

例 2-5　干酵母的复水活化及接种操作

酒厂可自己活化培养酵母也可选择使用活性干酵母，因微生物培养配套的设备和技术人员体系的建立和运行比较复杂，现在大部分果酒厂会选择使用活性干酵母，因为活性干酵母的使用较简单。这里就活性干酵母的复水活化及接种的通用操作进行介绍，实际以说明书为准。

干酵母的活化可在相应体积的玻璃量筒中进行（工厂里在酵母活化罐中进行）。首先按 20:1（以下均为质量比）的比例加 32℃左右的温水，然后按 1:1 的比例加酵母和酵母营养助剂，并按 2:1 的比例加糖，35℃水浴 20min，观察连续起泡现象，若起泡，再加 1/2（体积分数）的果汁进行前适应 10min，边搅拌边加入发酵罐中。

[例] 已知，需添加 40g 活性干酵母，请按上述标准计算在活性干酵母活化过程中需添加的温水、酵母营养助剂、糖、果汁的量，并选择合适的活化容器。

解：

（1）按照近似计算原则，40g≈40mL，因此所需添加的 32℃温水的量为：$40×20=800mL$。

（2）添加酵母营养助剂的量为：40g。

（3）添加糖的量为：$2×40=80g$。

（4）添加果汁的量为：$40×0.5=20mL$。

因总共要加液体的量为 $800+20=820mL$，故可选用 1000mL 的量筒作为活化容器，在水浴锅中进行活化。

五、压榨分离

待相对密度在 0.990~0.996 并连续 3 天不发生大的变化时，可进行压榨分离。火龙果果酒比较特殊，虽然此时火龙果果渣已经沉入罐底，但是如果利用压榨机进行压榨时仍然会影响分离效果。因此建议先将上清液抽出，抽出时选用虹吸管（图 2-5），千万不要用泵，泵的吸力太大，容易堵塞。将上清液移至另一储酒罐中存放。酒渣和酒脚可经加糖后进行再次发酵，然后蒸馏成白兰地，供调配火龙果果酒时使用。

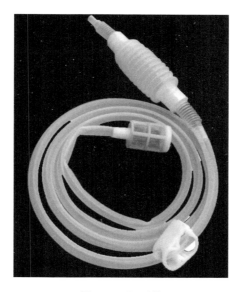

图 2-5　虹吸管

六、陈酿、倒罐与澄清处理

火龙果果酒不适宜长期陈酿，这与火龙果中甜菜素的稳定性关系很大（例 2-6），宜作为快消品。虽然火龙果果酒不适合长期陈酿，但经过一段时间的陈酿而达到酒体澄清和稳定的目的是必要的。分离出的新酒，需在 1 个月左右的陈酿期中，获得较为稳定而澄清的果酒。陈酿过程中，储酒罐温度保持在 4℃左右（橡木桶地窖酒一般为 12~15℃），空气湿度保持在 85% 左右（相对湿度），期间进行多次倒罐，如果火龙果果酒仍比较浑浊，需要进行下胶处理（例 3-5）。每 10d 倒罐一次，至获得理想的澄清度为止。

例2-6 火龙果中的色素

火龙果中富含甜菜素，与花青素在同一种植物中不共存（Strack et al，2003）。甜菜素是一种含氮水溶性色素（Strack et al，2003；Timoneda et al，2019），是吡啶类衍生物。甜菜素包括甜菜红素和甜菜黄素两大类（图2-6）。其中前者是生色基团甜菜醛氨酸与环状多巴缩合之后的产物，而后者则是甜菜醛氨酸与胺类或氨基酸类反应的产物，甜菜红素在可见光536nm处具有最大吸收波长，而甜菜黄素的最大吸收波长则是480nm（Gandia-Herrero et al，2013）。基于学者最新的统计数据，已经解析的甜菜素包括33种甜菜黄素和38种甜菜红素，共71种甜菜素（Khan et al，2015）。

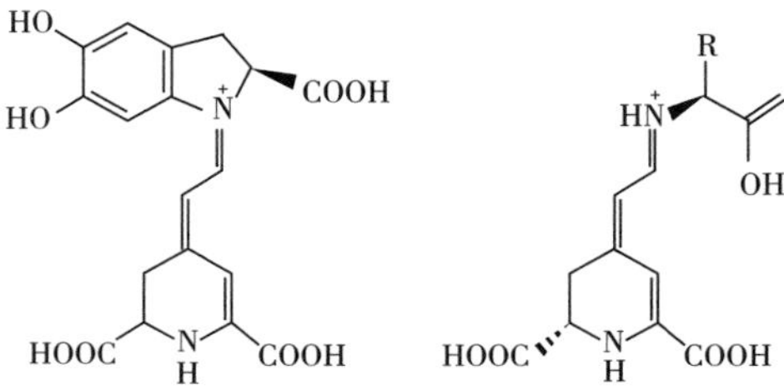

（1）甜菜红素　　　　　（2）甜菜黄素

图2-6 两种甜菜素

甜菜素具有抗氧化功能。抗氧化活性是维生素C的7倍，儿茶素的3~4倍（Castro-Enriquez et al，2020）。很多研究表明，甜菜素可以通过多种机体抗氧化防御机制发挥作用，改善氧化还原平衡，克服氧化应激损伤（Rahimi et al，2019）。甜菜素剂量依赖性地清除1,1-二苯基-2-三硝基苯肼、加尔万氧基自由基、超氧化物和羟基自由基，诱导 $Nrf2$ 转录因子，并导致血红素氧合酶-1水平、对氧磷酶-1反式激活和细胞谷胱甘肽水平的升高。因此甜菜素可通过两种主要机制发挥作用：一是诱导抗氧化防御机制，二是自由基清除机制（Esatbeyoglu et al，2014）。2~500μmol的甜菜素处理，可以显著抑制中性粒细胞中活性氧15%~46%的产生量。处理24h后，降低了受刺激的中性粒细胞中彗星尾DNA的百分比（Zielinska-Przyjemska et al，2012）。

越来越多的研究关注到甜菜素的抗癌活性并将甜菜素或其相关化合物添加到饮食中以预防癌症（Zielinska-Przyjemska et al，2016）。实际上在体外研究中，主要是在小鼠和细胞水平上的研究结果表明甜菜素具有抗癌功能（Madadi et al，2020）。众所周知，动物体内的活性氧（羟基、过氧化氢和超氧阴离子自由基）和活性氮（一氧化氮）在持续产生。酶（谷胱甘肽过氧化物酶、过氧化氢酶和超氧化物歧化酶）和抗氧化剂（谷胱甘肽、维生素E

和抗坏血酸）能够清除相应的自由基（吕思润，2016）。甜菜红素具有断链能力，是脂质自由基清除剂，芳香族氨基是其清除自由基的主要官能团，使其成为重要的电子供体（吕思润，2016）。其抗癌机理是甜菜素对自由基的积极作用，从而可以防止癌症的发生（Castro-Enriquez et al，2020）。有研究表明，甜菜素可以通过有效抑制癌细胞的细胞周期而拥有抗结肠癌细胞增殖的功能（Serra et al，2013）。此外，甜菜素还可以显著抑制（40%~60%）卵巢癌细胞、宫颈癌细胞的增殖（Zou et al，2005）。

甜菜素的生理功能还有很多，近年来在小鼠和细胞水平上的研究结果表明甜菜素还有抗炎、降血压、防心血管疾病（含脂质分布、脂质氧化等）、抗糖尿病等功能（Madadi et al，2020；Rahimi et al，2019）。

虽然甜菜素有诸多生理功能，是功能性食品开发考虑的重要方向。但是天然的甜菜素不稳定，受到光照、高温、水分活度、螯合剂、碱性环境（pH）、氧气、金属离子、色素浓度、储藏和加工条件等多种外界因素的影响（Khan 和 Giridhar，2014；Martins et al，2017；Ngamwonglumlert et al，2017）。在所有环境因素中，高温（Reshmi et al，2012）和氧对甜菜素的稳定性影响是最关键的。高温主要引起甜菜素的氧化（即在氧存在下的脱氢作用）、醛亚胺键水解和脱羧，从而导致颜色变成橘黄色（Goncalves et al，2013）。正因为甜菜素的稳定性容易受到高温的影响，在热处理后对甜菜素进行立即降温就显得尤为重要（Hendry 和 Houghton，1996）。在酿造火龙果果酒时，必须避免高温，特别是不能使用高温灭菌，在主发酵过程中也要避免高温，否则甜菜素很容易发生变化。

除了高温以外，甜菜素的稳定性同样受到 pH 的影响。甜菜红素在酸性环境下比较稳定（图 2-7），而甜菜黄素在中性环境下比较稳定（Stintzing et al，2008）。一般而言，甜菜素在 pH 3~7 的环境中是稳定的，酸性条件（pH<3），甜菜素的结构从红色的阴离子状态转变为紫红色的阳离子状态，从而实现从红色到紫罗兰色的转变（Henry，1996）。另一方面，碱性条件（pH>7）促使醛亚胺键的水解，导致甜菜素快速地降解为甜菜醛氨酸和 5-O-葡糖基-环状

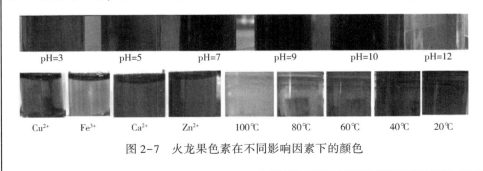

图 2-7　火龙果色素在不同影响因素下的颜色

多巴，颜色相应地由红色变为黄褐色（Henry，1996）。所以实际上，在火龙果果酒中甜菜红素颜色呈紫红色，这与我们在生产实践中观察到的结果是一致的。

金属离子（如 Sn^{2+}，Al^{3+}，Ni^{2+}，Cr^{2+}，Fe^{2+}，Fe^{3+} 和 Cu^{2+}）来源于土壤而对植物产生污染，且这些金属离子能加速甜菜素的氧化，从而导致颜色损失（Stintzing 和 Carle，2008）。然而，金属离子的污染可以通过洗涤的方式使金属离子的含量降到最低。

水分活度是影响甜菜素稳定性的又一个重要因素。含有甜菜素的食品的水分含量以及环境的湿度极大程度上影响了其化学稳定性。实际上，甜菜素的稳定性会随着空气湿度的升高而降低（Martins et al，2017）。有报道称在不同湿度下的甜菜素储藏的稳定性呈现出在较低湿度下稳定性高，在高湿度下稳定性低的规律（Otalora et al，2016）。另外，通过浓缩和喷雾干燥的方法降低水分活度可以提高甜菜红素的稳定性。低水分活度可提高甜菜素的稳定性可能是因为该条件影响了反应物的移动或限制了氧溶解度，从而限制了不良反应的进行（Martins et al，2017）。

提高甜菜素稳定性的方法往往是通过温烫处理使脱色酶失活，从而抑制颜色的消失（Delgado et al，2003）。然而，热是影响甜菜素稳定性的比较关键的因素，如前所述，高温和碱性环境会使醛亚胺键水解，而使甜菜素的结构分解为甜菜醛氨酸和 5-O-葡糖基-环状多巴（Henry，1996）。甜菜素在热处理后可以通过添加酸的方式进行再生（Herbach et al，2006）。多种有机酸（如抗坏血酸、异抗坏血酸、柠檬酸和葡萄糖酸）既对甜菜素的再生有帮助又能在储藏和加工过程中提高甜菜素的稳定性。在甜菜汁中保持 0.1g/100mL 的异抗坏血酸，在25℃和 pH=5 条件下储藏 30d 后，甜菜红素在日光下能达到52%的保存量，在黑暗条件下能达到65%的保存量，而对照却在6天内就变成了黄色（Bilyk et al，2010）。但是，降解的甜菜黄素却不能通过添加异抗坏血酸的方式再生，这是因为甜菜黄素在酸性条件下不稳定（Stintzing et al，2008）。因此，添加有机酸适用于甜菜红素的稳定性改善，而不适合用于甜菜黄素的稳定性改良。

甜菜红素再生的量受到 pH、储藏温度、添加剂的种类以及氧的影响（Alexander et al，1982）。有学者研究了添加不同种类的酸基添加剂对已经降解的甜菜红素再生的影响（Daeseok et al，1998）。所使用的添加剂有抗氧化剂（抗坏血酸、异抗坏血酸和葡萄糖酸）、有机酸（醋酸、柠檬酸、乳酸、五倍子酸、Na_2 EDTA 和葡萄糖酸）和无机酸（偏磷酸、磷酸）。酸基添加剂可帮助在100℃加热 5min 后脱色的甜菜红素再生，在10℃条件下修复 10min 即可。同样地研究了 pH 对甜菜红素的再生影响，结果发现在 pH 3.0 时添加抗坏血酸和异抗坏血酸后可获得最高的色素保留率（98.3%），在 pH 6.8 时，添加葡萄糖酸和偏磷酸可分别获得81.7%、75.4%的保留率。有学者发现红皮红心火龙果果汁中添加 0.25g/100mL（终浓度，余同）的抗坏血酸，pH 4.0，65℃水浴 30min，是最利于甜菜红素保留的果汁灭菌方式（Wong et al，2015）。

　　抗坏血酸和异抗坏血酸除了具备可帮助加热后的甜菜红素再生以外，还可以在食品加工和储藏过程中提高甜菜红素的稳定性。有学者报道了在 121℃处理 15min 条件下，添加 0.1g/100mL 抗坏血酸的加兰布洛果汁比对照保留的红色程度更深（Reynoso et al，1997）。在 25℃储藏 5d 时，将红甜菜汁和龙神柱果汁的 pH 调至5.5后，一样可以提高甜菜红素的稳定性。小商陆浆果果汁添加抗坏血酸（0.25g/100mL）后在 90℃下每天加热 3min 和 90℃下每天加热 24min，连续加热 6d，甜菜素可分别达到 93%、78%的保留率（Khan et al，2014）。

　　此外，在金属离子（铬和铁）存在时，抗坏血酸同样可以提高甜菜素的稳定性，这是因为酸可以作为螯合剂抑制金属离子对甜菜素的影响（Rahman et al，2007）。

　　综上所述，抗坏血酸和异抗坏血酸在提高甜菜红素的稳定性方面具有相当显著的作用，但是在火龙果果酒中，这两种酸对甜菜红素的稳定性的提高作用却不是很显著，这就在当前决定了火龙果果酒不适宜长期陈酿，只能作为快消品开发原料。

七、调配

　　成熟的火龙果果酒在装瓶之前要进行酸度、白利度和酒精度的调配，使酸度、白利度和酒精度达到成品酒的要求。初学者，最好先对酒的理化成分进行分析（滴定酸、残糖、单宁和酒精度），然后根据分析结果参考有关理化指标再对酒进行调整和混合。另一种调配方法则依靠感官评价进行，这需要丰富的经验和灵敏的感官能力为支撑。要想做到一次性成功，事先要调配小样然后进行评价。

八、稳定处理与倒罐

　　小批量摸索出来的调配比例要进行放大试验，并进行约 3 周的"结合和稳定性试验"，一般而言，将澄清过滤的样品先加热到沸点，再冷却到冰点，最后加热到室温，该样品必须不变浑浊才能达到稳定性要求，稳定后方可进行巴氏消毒和除菌过滤。稳定后酒在灌装前需要进行一次倒罐，以除去酒泥，使酒更加清澈。

九、灌装与灭菌处理

稳定后的火龙果果酒，清亮透明，具有果香、发酵香和陈酿香，色泽紫红鲜艳，此时可以灌装。如果酒精度在18%vol及以上，则不需灭菌，反之必须灭菌（例2-7）。

例2-7 火龙果果酒的灭菌方法及酒精度调配

由于甜菜红素在高温容易变色，因此火龙果果酒不能采用高温或瞬时高温法进行灭菌，添加高含量的SO_2也不可取，因为SO_2具有漂白作用，也易使火龙果果酒快速褪色。可用于火龙果果酒灭菌的方法为过滤灭菌和添加≥18%vol的白兰地（加强型酒）。

1. 过滤灭菌

选用0.45μm的膜，可用板框过滤机进行过滤，过滤后要导入无菌罐中稳定，再进行无菌灌装。请注意，板框过滤后的火龙果果酒颜色较淡。具体操作请参照板框过滤机（图2-8）的使用说明书。

图2-8 板框过滤机

2. 添加酒精

向火龙果果酒中添加≥18%vol的食用酒精或白兰地，调成加强型酒是酿造发酵型果酒当前解决灭菌问题的最佳选择。果酒的酒精度调配时按质量分数进行计算，调出的酒精度比较准确，相应的，如果用体积分数调出的果酒，酒精度误差比较大。因火龙果果酒暂无酒精体积分数、质量分数、密度对照表，可参考白酒的对照表进行调配。

[例] 现有酒精体积分数为11%的火龙果发酵酒原酒和65%的火龙果白兰地原酒，要调为酒精体积分数为18%的发酵酒200kg，请计算两种酒所需的质量。

解：查表［附录四］得（习惯上使用酒精体积分数，因此此处使用体积分数计算以符合实际生产）

$$11\%的酒精质量分数为8.8271\%$$
$$18\%的酒精质量分数为14.5605\%$$
$$65\%的酒精质量分数为57.1527\%$$

设所需11%的原酒质量为$x$kg，65%的原酒质量为$y$kg，则：

$$\begin{cases} x \times 8.8271\% + y \times 57.1527\% = 200 \times 14.5605\% \\ x + y = 200 \end{cases}$$

解以上方程得：$x = 176.27$kg，$y = 23.73$kg，即称取11%的火龙果发酵酒原酒176.27kg和65%的白兰地原酒23.73kg混合均匀，即可获得18%的火龙果加强型酒，酒精度的误差不超过1%。

如果要换算成体积，则应在20℃条件下测定火龙果发酵酒原酒和白兰地原酒的密度，然后用上述计算获得的质量除以测得的密度即可。

第三节　建议质量标准

一、感官指标

红皮红心火龙果果酒应色泽紫红透亮、果香和酒香突出、酒体平衡协调，无异味和悬浊沉淀物。

二、理化指标

酒精度20℃下为9%~20%vol，总糖（以葡萄糖计）≤50g/L，总酸（以柠檬酸计）为3~7g/L，挥发酸（以醋酸计）<1.2g/L，总SO_2量<250mg/L，游离SO_2的量<40mg/L。

三、卫生指标

符合《食品安全国家标准　发酵酒及其配制酒》（GB 2758—2012）的相关规定。

第三章　刺梨果酒的酿造

刺梨为蔷薇科蔷薇属植物，广泛分布于我国西南地区，因其全身布刺且果实呈梨状得名（图3-1）。诸多研究结果表明刺梨果实富含多糖（Wang et al，2020）、黄酮、维生素C、维生素P和超氧化物歧化酶（SOD）（Hou et al，2020）等多种功能性物质，营养成分非常丰富（表3-1），进而具有降血糖、降血脂（Hou et al，2020）、抗氧化（Chen et al，2018）、抑制卵巢癌转移和侵入（Chen et al，2014）、抗细胞凋亡（Xu et al，2017）、抗辐射（Xu et al，2018）和防止DNA损伤（Xu et al，2017）等功能，是具有较大食品功能性开发潜力的果实之一。

（1）刺梨植株

（2）成熟金刺梨

（3）成熟刺梨

图3-1　刺梨植株及成熟果实

贵州省内称为刺梨的植物主要有两种，一种是金刺梨［图3-1（2）］，果实表面的刺要少于刺梨，甚至无刺，另一种是刺梨［图3-1（1），（3）］，现在贵州省主要种植的是贵农5号。刺梨的适口性很差，酸、苦涩，单果重约15g（穆瑞，2018），因此市场上鲜有鲜果售卖。短采收期和储藏期严重限制了其销售，只能探寻其他路径来开拓刺梨市场。刺梨露酒的制作和食用历史多年来在贵州省民间口耳相传，这种历史悠久的经验暗示人们，刺梨具有突出的加工特性，是优质的加工原料，这种原料的应用领域包括但不限于食品、日化、材料、化工等。刺梨果实的香气独特持久，受发酵过程影响较小，酒体果香突出，易形成稳定且清澈的酒体，比较适合酿造果酒。

表 3-1 刺梨的营养成分

成分分类	化合物	含量	参考文献
有机酸	抗坏血酸/（g/100g）	1.38~1.47	（Hou et al, 2020）
	酒石酸/（g/100g）	0.16~0.20	
	苹果酸/（g/100g）	0.31~0.39	
	抗坏血酸/（% TA*）	66.8	（An et al, 2011）
	苹果酸/（% TA）	17.5	
	乳酸/（% TA）	9.9	
	酒石酸/（% TA）	2.8	
	柠檬酸/（% TA）	1.7	
	草酸/（% TA）	0.7	
	琥珀酸/（% TA）	0.6	
糖/（g/100g）	葡萄糖	6.75~6.97	（Hou et al, 2020）
	阿拉伯糖	2.65~2.70	
	半乳糖	1.59~1.81	
	果糖	3.72	（Xu et al, 2019）
氨基酸/（mg/g 鲜重）	天冬氨酸	0.69	（Lu et al, 2020）
	谷氨酸	1.17	
	丝氨酸	0.74	
	脯氨酸	0.28	
	甘氨酸	0.31	
	丙氨酸	0.37	
	缬氨酸	0.28	
	甲硫氨酸	0.08	
	异亮氨酸	0.23	
	亮氨酸	0.44	

续表

成分分类	化合物	含量	参考文献
氨基酸/ (mg/g 鲜重)	苯丙氨酸	0.22	（Lu et al，2020）
	赖氨酸	0.33	
	苏氨酸	0.2	
	组氨酸	0.14	
	精氨酸	0.34	
	酪氨酸	0.12	
维生素/ (mg/100g)	P	2909	
	E	3	
	A	2.5	
多种元素	Ca/(mg/100g)	8	（Xu et al，2019）
	P/(mg/100g)	27	
	Fe/(mg/100g)	19	
	Zn/(mg/100g)	65.2	
	Sr/(μg/100g)	51	
	Se/(μg/100g)	2.69	
酚类/ (mg/100g)	儿茶素	971.67~1405.75	（Hou et al，2020）
	槲皮素	583.37~776.57	
	杨梅素	851.32~876.32	
	山奈酚	653.91~668.12	
	鞣花酸	95.88~677.14	
	鞣花酸葡糖苷酸	162.52~166.07	
其他化合物	单宁/(g/100g)	1.6	（Xu et al，2019）
	β-胡萝卜素/(μg/100g)	160.17~195.44	（Hou et al，2020）
	玉米黄质/(μg/100g)	47.96~62.36	
	总黄酮/(mg/100g)	254.26~265.31	
	总酚/(mg/100g)	155.95~159.66	
	SOD 活性/(U/g)	5687.67~5797.48	
	抗氧化能力/(μmol Trolox/100g)	14.92~15.62/(DPPH)	
	抗氧化能力/(μmol Trolox/100g)	13.44~14.18/(FRAP)	

注：TA 表示滴定酸度；Trolox 表示水溶性维生素 E；DPPH 表示 1,1-二苯基-2-三硝基苯肼；FRAP 表示等离子体的铁还原能力。

第一节　工艺流程

工艺流程见图 3-2。

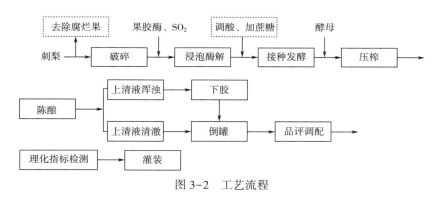

图 3-2　工艺流程

第二节　工艺关键点说明

一、原料的分选及破碎

收购的成熟刺梨，去掉烂果、霉果，然后直接使用螺旋压榨机将刺梨压破或者用刀将刺梨切块，不需去籽、皮、刺。刺梨打浆酿造的果酒，后期几乎不能澄清，因此在原料预处理时，刺梨不推荐榨汁或者打浆。

二、浸泡酶解

向切好的刺梨块中添加约 3 倍（体积比）的酿造用水，称重，按 20mg/L 的量添加果胶酶（例 3-1）、50mg/L 的量添加 SO_2，常温下浸泡至少 72h。

例 3-1　果酒酿造过程中的常用酶制剂

有些果酒发酵过程中需要人工添加酶以达到较好的酿造效果。人工添加

的这些酶除了具有一般的催化活性外，至少具备以下性能：一是耐酸性，大多数水果含有一定量的酸并产生低 pH 环境，因此果酒的发酵过程往往是在酸性环境下进行的。添加的酶必须在酸性条件下具有催化活性，以满足果酒生产的需要。二是 SO_2 抗性，SO_2 是果酒发酵过程中添加的最常见的抗腐败物质，可避免除酵母外的其他微生物的污染。添加的酶需要能抵抗一定浓度的 SO_2。三是在低温下具有活性，一般来说，生产果酒时环境的温度较低，酒的质量则较好。因此，生产上更倾向于将低温活性酶应用于成品果酒。当前果胶酶、β-葡聚糖酶、β-葡萄糖苷酶、葡萄糖氧化酶、溶菌酶、蛋白酶、单宁酶、脲酶等被广泛应用于果酒的生产中（Yang et al，2020）。这里主要介绍果胶酶、蛋白酶、淀粉酶、葡萄糖氧化酶等。

1. 果胶酶

果胶酶是水解果胶的酶的总称，包括溶解原果胶并形成可溶性果胶的原果胶酶、消除果胶甲氧基和乙酰基残基以产生聚半乳糖醛酸的果胶甲基酯酶和果胶乙酰酯酶，以及多聚半乳糖醛酸酶。多聚半乳糖醛酸酶水解半乳糖醛酸残基之间的 α-1,4-糖苷键。果胶裂解酶和果胶酸裂解酶在半乳糖醛酸残基之间转移 α-1,4-糖苷键（Yang et al，2020）。

果酒酿造中适量使用果胶酶可提高果实出汁率、缩短压榨时间、有利于汁液的澄清、提高果酒的过滤能力，促进芳香物质（Mojsov et al，2015）、单宁和色素（Castro-Lopez et al，2016）的释放。但是，果胶酶使用超量后，会导致果汁中的果胶质含量偏高，偏高的果胶质在甲酯酶的作用下，经过水解而生成甲醇。因此，如果能降低发酵基质中果胶的含量，将可以有效控制发酵过程中甲醇的形成。

按照果胶酶的主要作用分类，还可分为四类，分别为①浸渍类果胶酶，这一类酶除了具有基本的分解果胶质的功能外，还具有萃取功能，在浸渍工艺中使用浸渍酶，能很好地萃取果皮、果肉、果汁中的颜色物质、香气物质等，如：Lafase Fruit，Lafase He Grand Cru，Lafazyme Extract 等。②澄清类果胶酶，除了具有基本的分解果胶质的功能外，它还具有澄清功能，用于果汁或者果酒，如：Lafazym CL，Lafazym 600XL 等。③压榨类果胶酶，除了具有基本的分解果胶质的功能外，在压榨阶段使用能显著提升优质果汁的产量，如：Lafazym Press 等。④功能类果胶酶，除了具有基本的分解果胶质的功能外，它还具有某种独特的功能，如：陈酿酶，除了具有基本的分解果胶质的功能外，还能加快酵母自溶。最大程度促进酵母分子物质的释放，使酒体更甘美圆润；溶菌酶，除了具有基本的分解果胶质的功能外，它还能降解乳酸菌类。改善酒体环境中的微生物稳定性，减少挥发酸的产生。

请读者注意的是果胶酶的最适作用 pH 为 3.5，最适作用温度为 50℃，因为多数水果不适宜升温酶解，因此在酿造过程中均采用延长酶的作用时间来提高酶解效果。这就是刺梨果酒在酿造过程中需浸泡酶解72h的原因。

2. 蛋白酶

蛋白酶是催化肽键水解的一类酶，在果酒加工中有利于汁液澄清，改善果酒色泽并防止果酒在生产中产生浑浊。因为果汁中含少量的蛋白质，蛋白质易与酚类物质反应，产生浑浊物和沉淀物。果胶酶破壁后，蛋白酶能破坏细胞膜，促进色素物质的释放。因此，添加一定量的蛋白酶可有效防止由蛋白质残存而引起的二次浑浊。

3. 淀粉酶

淀粉酶是能水解淀粉 $\alpha-1,4-$ 糖苷键和 $\alpha-1,6-$ 糖苷键的酶，分为 $\alpha-$ 淀粉酶、$\beta-$ 淀粉酶、淀粉葡萄糖苷酶等。果酒生产中使用淀粉酶有利于汁液的澄清及提高过滤能力。

4. 葡萄糖氧化酶

葡萄糖氧化酶是一种天然的食品添加剂。在果酒生产中使用葡萄糖氧化酶可去除汁液中的氧气，防止产品氧化变质，抑制褐变等。

三、原料改良

浸泡酶解完的刺梨需要进行成分调整后，才能接种酵母进行发酵，该过程在酿造酒工艺学上称为原料改良。检测果浆的 pH 和可溶性糖含量，并调整到目标值。

1. 调糖

特色果酒酿造中，大部分水果的白利度低于目标白利度（由目标酒精度决定），因此需要向果汁中添加足量的糖以达到目标白利度。为了计算出所需添加的糖质量，需要按例3-2计算出所需的糖，然后向果汁中添加即可。所添加的糖一般为蔗糖，添加时最好分三次添加。

例3-2　酒精度设计及调糖

生产实践中为了使酿造的果酒达到成品酒酒精度的要求，通常需要对果酒的糖含量进行调整。果汁中的糖含量可用斐林试剂法、相对密度测定法（液体比重计）和折光系数测定法（糖度计）等方法测得（例4-2）。

发酵后的潜在酒精可按公式"发酵前的白利度/2"进行估算，然后按照公式"糖的添加量＝（目标酒精度−发酵前的白利度/2）×17×V（每罐体积）"估算所需添加的糖量。理论上，17g/L的糖转化为1%vol的潜在酒精度，考虑到糖并非完全被酵母转化及酒精挥发等原因，计算加糖量时采用的酒精度应比成品酒的酒精度高1%vol。

[例] 利用白利度为12°Bx的100 L刺梨果汁生产酒精度为12%vol的刺梨果酒，请计算所需添加的蔗糖质量。

解：由题意可知潜在酒精度为：12/2=6%vol。

本来设计12%vol，但考虑到损失，此处设计高1%vol，为13%vol。

蔗糖的添加量/g＝（目标酒精度−潜在酒精度）×17×V，代入公式：（13−6）×17×100=11900g=11.9kg。

水果中的糖在酵母的作用下转化为酒精，但酵母并不是能将所有的糖转化为酒精，我们将酵母能利用并转化为酒精的糖称为可发酵性糖，目前发现酵母优先利用葡萄糖、果糖、半乳糖、蔗糖、麦芽糖，而不能利用木糖、阿拉伯糖、水苏糖、棉籽糖等。老冰糖、单晶冰糖、普通结晶白砂糖或果葡糖浆等均可用于添加到果汁中进行发酵。在果汁中将蔗糖溶解后添加到发酵罐中，搅拌均匀，考虑到渗透压的问题，糖可以分批次加入果汁中。

除了添加蔗糖外，还可以添加浓缩果汁。首先对果汁和浓缩果汁的潜在酒精度进行分析，然后确定所需添加量。

[例] 已知浓缩刺梨果汁的潜在酒精度为30%vol，100L发酵用刺梨果汁的潜在酒精度为7%vol，刺梨果酒的目标酒精度为10%vol，请计算所需添加的浓缩果汁量。

解：浓缩果汁的添加量按下面十字交叉法进行计算。

即在20L的发酵用刺梨果汁中需要添加3L的浓缩刺梨果汁才能发酵成10%vol的刺梨果酒，于是，在100L刺梨果汁中应添加：3÷20×100=15L浓缩刺梨果汁，搅拌均匀，可分批次加入。

2. 调酸

酵母适宜在pH为3.3~3.7的环境中生长发酵，当水果的pH不在此范围时需进行调酸。先参照例3−3测出果汁中的pH，当水果的pH<3.3时，按例5−1计算出所需添加$KHCO_3$的量，然后向果汁中添加适量的食品级$KHCO_3$，达到降酸的目的。当水果的pH>3.7时，按例5−1计算出所需添加酒石酸的量，然后向果汁中添加适量的食品级酒石酸，达到升酸的目的。在调酸时，先探明水果中所含酸的种类，有利于后期总酸的调整。

例 3-3　pH 的测定原理

pH＝-lg［H$^+$］。［H$^+$］指溶液中氢离子的活度，单位为 mol/L，在稀溶液中，氢离子活度约等于氢离子浓度，可以用氢离子浓度进行近似计算。在标准温度和压力下，pH＝7 的水溶液（如纯水）为中性，在标准温度和压力下自然电离出的氢离子和氢氧根离子浓度的乘积（水的离子常数）始终是 $1×10^{-14}$，且两种离子的浓度都是 $1×10^{-7}$ mol/L。pH 小于 7，说明 H$^+$ 的浓度大于 OH$^-$ 的浓度，故溶液酸性强，反之则碱性强。

生产实践中可使用 pH 试纸或 pH 计来测定果汁的 pH。具体使用方法请参照仪器说明书，但请注意的是：①购买 pH 计最好购买带有温度补偿装置的仪器，如仪器不带温度补偿装置，则要记录测量时的温度，按照说明书进行温度补偿计算。②pH 计进行三点校准，使用约一周后需标定一次。③玻璃电极一定要放置在电极保护液（3.3mol/L KCl）中进行保护，冲洗时不可将电极倒置。

四、接种发酵

刺梨果酒酿造时要严格控制酶解时间，否则影响出酒率。一般先将 SO$_2$、果胶酶加入刺梨破碎粒中，过 72h 后再进行原料改良。然后按 0.2g/L 的量接种酵母（例 2-5），待果汁在常温下明显启动发酵后，将发酵温度控制在 16～18℃，进行低温发酵。主发酵过程中，每天需要搅拌通氧或打循环并利用液体比重计监测相对密度（例 3-4），当糖含量低于 4g/L 时，终止发酵，进行压榨。

例 3-4　液体比重计监测糖含量的原理及操作（监测发酵终点）

果酒发酵过程可通过相对密度、pH、CO$_2$ 失重等参数进行监控，其中相对密度最为常用，可为发酵终点提供参考，准确判断压榨时间。

1. 相对密度测定的重要性及原理

果酒酿造借鉴了葡萄酒的经验。相对密度是指在 20℃ 下，某一体系中果酒的质量与相同体积纯水的质量比，常用 $D_{20}/D_{20纯水}$ 表示。通常，果酒的相对密度小于 1，在 0.990～0.996，相对密度的大小取决于果酒中酒精（比水轻）的质量和干浸出物（比水重）的含量。酒精度越高，干浸出物越少，果酒的相对密度就越低。但对于一些甜型或加强型果酒，因为含糖量高，干浸出物的含量比较高，其相对密度大于 1。

果酒发酵过程中，相对密度的测定是酒精发酵管理中一项非常重要的管理指标。随着果酒中的糖发酵转化为酒精，相对密度逐渐下降到水的相对密度（1.000），最后降到 0.990~0.996。因此必须定期测定温度和相对密度，观察果酒的变化，以监控酒精发酵的顺利进行。

测定相对密度常用的仪器是液体比重计，根据阿基米德原理，当液体比重计在液体中静止时，所受的浮力就是它的相对密度。液体比重计在不同相对密度液体中静止时，没入液体的高度不同，利用液体比重计可直接测定液体的相对密度。

2. 监测仪器

液体比重计是测定果酒发酵中相对密度的常用仪器。这里重点介绍普通液体比重计的使用方法。不同类型的液体比重计使用方法略有差别，具体以仪器的使用说明书为准。

普通液体比重计分为 0.900~1.000 ［图 3-3（1）］ 和 1.000~1.100 ［图 3-3（2）］ 两种量程，即两种液体比重计。

1—量程 0.900~1.000　　2—量程 1.000~1.100

图 3-3　两种液体比重计

3. 使用方法

直接取果汁或正在进行发酵的酒样，倒入洁净、干燥的 250mL 量筒中，并在水浴中将测试样品的温度调至 20℃，垂直插入液体比重计，注意液体比重计不得接触量筒壁，同时插入温度计，稳定 30s 后水平观察，量筒内试样液面呈弯月状，读数时应读液体比重计刻度与液面弯月面相切处的刻度值（图 3-4）。

（1）1.000~1.100 液体比重计用于测定果酒发酵过程中果汁白利度的变化，可为在发酵液中留糖（提前终止发酵）提供参考。利用测得的结果查《葡萄汁的相对密度与白利度和成酒酒精度换算表》（李华，《现代葡萄酒工艺学》），即可获得果汁所含的糖含量。随着发酵过程的进行，糖不断转化为酒

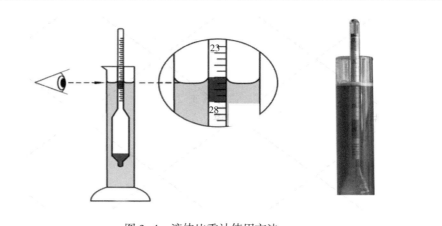

图 3-4　液体比重计使用方法

精，果酒的相对密度逐渐下降，当降到 1 以下时则需要用 0.900~1.000 的液体比重计测量。

（2）0.900~1.000 液体比重计用于监测发酵是否结束。相对密度在 0.990~0.996，且 3 天连续不发生大的变化，就可粗略判断发酵已经达到终点，此时发酵液中存在的糖含量≤4g/L，达到了干型酒的标准，可以终止发酵，进行酒液和酒渣的分离及压榨。同时，如果要形成甜型酒的产品，可以通过相对密度判断，并在发酵液中留糖，提前终止发酵，也可以以干型酒为基酒进行调配。达到终点后，进行压榨。

五、压榨分离

对达到终止发酵要求的果酒进行压榨分离。可先将上清液放出，即为自流汁，然后将剩下部分在螺旋压榨机或气囊压榨机中进行压榨分离，得压榨汁。在自流汁或压榨汁中按 50mg/L 的量添加 SO_2 终止发酵。果渣可加糖再次发酵后蒸馏得对应白兰地，也可另行处理。

六、陈酿、稳定、澄清

分离的原酒置于 4℃、空气湿度 85%左右的冷库中进行陈酿。陈酿期间进行多次倒罐，如果刺梨果酒仍比较浑浊，需要进行下胶处理（例 3-5）。每 10d 倒罐一次，直到获得稳定的澄清度为止。

例 3-5　下胶操作

下胶是在果酒中加入亲水胶体，使胶体与单宁、蛋白质、色素、果胶质等发生絮凝反应，形成沉淀，通过倒罐除去这些物质，实现果酒澄清的方法。可用来作为下胶材料的物质包括：矿物质土类（皂土、高岭土等）、动物蛋白类（明胶、鱼胶、蛋清、酪蛋白、牛奶等）、植物蛋白类（谷物蛋白、土豆蛋白、大豆蛋白等）、多糖类（海藻酸盐、阿拉伯树胶等）、合成澄清剂（聚乙烯吡咯烷酮、尼龙等）、其他澄清剂（金属螯合剂、酶等）（Doulia et al，2018）。

1. 皂土

皂土是铝的自然硅酸盐，主要由 Al_2O_3，$4SiO_2 \cdot H_2O$ 构成，在果酒中可吸附蛋白质和单宁而产生胶体的凝聚作用。皂土的具体用量由预试验结果来定，一般用量在 200~1000mg/L，预试验时最好使用 375mL 的透明酒瓶或近似大小的量筒，在 18℃ 静置 48h，判断澄清效果。选择皂土加入量少、澄清效果好（絮凝物出现早、酒泥高、紧实度高）、口感无影响的浓度作为正式下胶的皂土浓度，进行正式下胶。使用前使用少量热水（50℃ 左右）使皂土吸水膨胀呈奶状后再加入果酒，搅拌均匀，在 18℃（8℃<T<20℃）条件下，静置 10d 左右，倒罐即可获得更高澄清度的果酒。

2. 明胶

明胶是牛皮胶原或猪皮胶原部分水解后的一类大分子蛋白质。明胶可吸附果酒中的单宁、色素，从而减少果酒的粗糙感。只有含有脯氨酸的蛋白质能与多酚结合，明胶中约含有 12% 的脯氨酸和羟脯氨酸，羟脯氨酸为明胶与单宁的结合提供一定的空间结构（Siebert，2009）。处理白葡萄酒时，最好用明胶和皂土混合处理，以避免由于单宁含量过低而造成的下胶过量。

3. 鱼胶

鱼胶由鱼鳔制成，主要成分为高级胶原蛋白。使用时，鱼胶只能用冷水进行膨胀，而不能加热。鱼胶的絮块相对密度小，在使用后形成的酒脚体积大，下沉速度慢，并可结于容器内壁，还有可能堵塞过滤机。鱼胶的用量为 20~50mg/L。最好的使用方法为：先制备含有 100g 酒石酸和 20g SO_2 的 100L 水，将 1000g 蠕虫状鱼胶倒入该溶液中，并进行搅拌，5~10d 后，将颗粒用钢刷搅烂，并过筛，然后加进待处理的果酒中。

4. 鸡蛋清

鸡蛋清由鲜鸡蛋清干燥而成，下胶原理与明胶相同。在果酒中，鸡蛋清可与单宁形成沉淀，一般 1g 鸡蛋清可沉淀 2g 单宁。也可用鲜鸡蛋清进行下胶，鲜鸡蛋清要随取随用，将鸡蛋清调匀，并逐渐加水。加水量为每 10 个鸡蛋清加 1L 水，最好在每个鸡蛋清中加入 1g NaCl。用量一般为每 100L 果酒需加 2~3 个鸡蛋清。

5. 酪蛋白

酪蛋白是牛奶的提取物，通常为淡黄色或白色粉末，市场上的"酪蛋白"实际上是酪蛋白和碳酸钾的混合物。酪蛋白不溶于水而溶于碱液，在酸性溶液中产生沉淀，因为果酒是酸性的，酪蛋白加入果酒中会发生絮凝，絮凝过程中会带出一部分不溶物质，使果酒澄清，同时可除去果酒中不和谐的苦味及脱色。

6. 聚乙烯吡咯烷酮（PVPP）

PVPP 是第一种合成的澄清剂，对酚类物质的吸附能力强（Siebert，2009），可防止果酒的褐变和苦涩味的产生，能在短时间内有效去除细小的残渣，并且能够与其他稳定剂结合使用，有效预防果酒接触空气后的粉红色改变。

总的来说，新酒的酸度越高，澄清速度越快越好，而含有残糖或带皮发酵的新酒，沉淀既慢又不完全。另外，澄清剂的用量、温度、pH、处理时间等因素均会对新酒的澄清产生重要影响，因此在新酒澄清处理过程中要综合考虑，先考虑单因素，再进行正交或响应面分析，获得最佳澄清效果。

七、品评与调配

稳定的新酒应对酒精度、总糖、总酸、挥发酸等关键指标进行检测，同时进行品评，品评后将酒精度、总糖、总酸及微量指标等调整到目标值。

八、灭菌与灌装

调配好的酒体可利用过滤或 60~65℃ 加热 15min 灭菌。灭完菌的刺梨果酒在无菌储酒罐中进行稳定、倒罐操作后，即可灌装，灌装时选用棕色瓶（例3-6）。

例3-6　刺梨果酒的高温灭菌

一般的果酒均不适宜用高温灭菌，因为高温会对果酒的品质产生负面影响。但是实验结果显示，刺梨果酒适合使用 60~65℃ 的高温进行灭菌，而且60℃ 灭菌的刺梨果酒风味物质会增加。具体灭菌参数为 60~65℃，15min，请注意无论是用瞬时灭菌，还是灌装后的水浴灭菌，均需等酒温达到 60~65℃ 时再开始计时，不能将水温作为计时依据。

第三节　质量标准（T/GZSX 055.7—2019）

一、感官指标

感官指标见表3-2。

表3-2　　　　　　　　　　　刺梨果酒的感官指标

项目	指标
色泽	黄色或橙黄色
澄清度	澄清透明，无明显悬浮物（使用软木塞封口的酒允许有少许的软木渣），长期静置后允许有微量沉淀
香气和滋味	具有醇正、优雅、爽怡的口味和新鲜悦人的刺梨果香味，酒体完整
典型性	具有刺梨果酒应有的特征和风格

二、理化指标

理化指标见表3-3。

表3-3　　　　　　　　　　　刺梨果酒的理化指标

项目	指标
维生素 C/(以还原型抗坏血酸计，mg/100 mL)	≥120
酒精度/(20℃，%vol)	≥10
总糖/(以葡萄糖计，g/L)	≤45
滴定酸/(以酒石酸计，g/L)	≥6.0
挥发酸/(以乙酸计，g/L)	≤1.6
干浸出物/(g/L)	≥16.0
铅/(以 Pb 计，mg/kg)	≤0.15
酒精度标签示值与实测值之差不应超过±2.0%vol	

三、卫生指标

符合《食品安全国家标准　发酵酒及其配制酒》（GB 2758—2012）的相关规定。

第四章　蓝莓果酒的酿造

蓝莓为杜鹃花科越橘属植物，起源于北美和欧洲（Rimando et al, 2004），自 1989 年在中国开始种植（He et al, 2016）。蓝莓是世界上非常受欢迎的一种水果，因为该水果除了外形美观（图 4-1）、口感好之外还富含花青素、黄酮、绿原酸、膳食纤维（占果重的 3%~3.5%，质量比，余同）、维生素 C、维生素 B、维生素 E、维生素 A 等多种功能性成分（Miller et al, 2019；Muller et al, 2012；Seeram et al, 2006）。多年来对蓝莓的研究发现，蓝莓具有抗炎、抗癌、心血管保护功能（降低动脉粥样硬化和冠心病的风险）（Kim et al, 2016），同时具有避免神经退行性疾病（Ramassamy, 2006）的效果。

图 4-1　蓝莓果实

蓝莓果实中的糖主要有木糖、果糖、蔗糖、葡萄糖、麦芽糖，其中果糖（17.38~31.29mg/g）和葡萄糖（16.94~31.87mg/g）含量较高，有机酸主要有草酸、苹果酸、柠檬酸和酒石酸，其中柠檬酸（4.669~7.446mg/g）和苹果酸（0.218~1.170mg/g）含量较高（表 4-1）。蓝莓果实的颜色各异，其颜色跟果实中的 pH 有关。蓝莓果实具有较高的糖含量、合适的酸度和丰富的花青素，适宜于酿造果酒或制作果汁（He et al, 2016）。

表 4-1 蓝莓的营养成分

分类	化合物	含量	参考文献
糖/（mg/g）	木糖	0.04~0.17	（魏鑫等，2013）
	果糖	17.38~31.29	
	葡萄糖	16.94~31.87	
	蔗糖	0.12~0.27	
	麦芽糖	0.21~0.51	
酸/（mg/g）	草酸	0.061~0.197	
	酒石酸	0.192~0.333	
	苹果酸	0.218~1.170	
	柠檬酸	4.669~7.446	
其他	水	84%	（Michalska et al，2015）
	碳水化合物	9.7%	
	蛋白质	0.6%	
	脂肪	0.4%	
	100g 鲜果的能量	192kJ	
	膳食纤维	3%~3.5%	
	维生素 C	10mg/100g	
多酚/（mg/100g 鲜重）		48~304	（Ehlenfeldt et al，2001；Moyer et al，2002）
黄酮/（mg/kg 鲜重）	花青素	134	（Rothwell et al，2013）
	黄烷醇	1.1	
	黄酮醇	38.7	
酚酸/（mg/kg 鲜重）	水杨酸	1.5	
	羟基肉桂酸	135.0	

第一节 工艺流程

工艺流程见图 4-2。

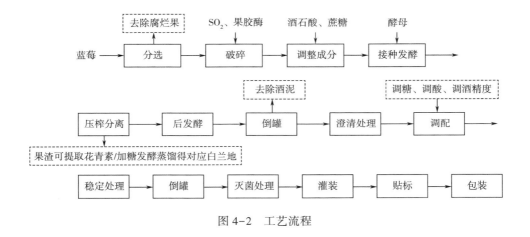

图 4-2　工艺流程

第二节　工艺关键点说明

一、原料的分选及破碎

收购成熟蓝莓，去掉烂果、霉果，然后直接使用破碎机将蓝莓压破出汁，果实的破碎率应在 97% 以上，同时按终浓度 50mg/L 的量添加 SO_2（例 4-1），20mg/L 的量添加果胶酶，并静置放置至少 12h。蓝莓的出汁率较高，酿造时不需要添加酿造用水。

例 4-1　SO_2 在果酒酿造中的作用原理及注意事项

1. 果酒酿造中使用 SO_2 的利弊

SO_2 在果酒酿造中的应用历史已逾百年。SO_2 应用于果酒酿造产业中具有以下几大益处：一是抑菌，SO_2 是一种杀菌剂，可以抑制各种微生物的活动（繁殖和发酵），若浓度足够高，可杀死各种微生物，在发酵前加入适量 SO_2，可减少其他微生物生长，确保发酵过程顺利进行。在果酒储藏中，适量的 SO_2 可以抑制所有微生物的生长（包括酵母、乳酸菌和醋酸菌），防止果酒的二次发酵和腐败；二是抗氧化，SO_2 可以防止果酒的氧化并抑制氧化酶（酪氨酸酶和虫漆酶）的活性，防止发酵汁氧化；三是改善果酒风味，在适量 SO_2 条件

下，SO_2 可以与乙醛及其他相似物结合，使酒中的过氧化物味减弱或消失，改善风味；四是增酸，增酸是杀菌和溶解两种作用的结果，一方面 SO_2 阻止了分解苹果酸的细菌活动，另一方面 SO_2 本身也可转化成酸，与和苹果酸结合的钾、钙等盐类作用，使苹果酸游离，增加不挥发酸的含量（方强等，2008）；五是澄清作用，添加适量的 SO_2 推迟了发酵的开始，有利于果汁中悬浮物的沉降，使果汁很快得到澄清；六是溶解作用，SO_2 生成的亚硫酸有利于果皮中色素、酒石酸、无机盐等成分的溶解，可增加浸出物的含量和酒的色度。同时 SO_2 应用于果酒酿造中也至少有四大坏处，分别为产生硫气味、硫醇口味、过量 SO_2 使酒口感生硬、过量有害人体健康。世界卫生组织（WHO）强调要减少 SO_2 在食品中的使用量（Mannazzu et al, 2019），且明确指出每日进食 SO_2 的量不能超过 0.7mg/kg 体重，饮用过量 SO_2 有导致头疼（Costanigro et al, 2014）、行为障碍、皮疹和其他症状（Granchi et al, 2019）的风险。

2. SO_2 在果酒中的存在状态

SO_2 溶于果酒或任何水溶液后，以 3 种形态存在，分别为分子 SO_2（$SO_2 \cdot H_2O$）、亚硫酸氢盐（HSO_3^-）和亚硫酸盐（SO_3^{2-}），见图 4-3。

$$SO_2 + H_2O \longleftrightarrow SO_2 \cdot H_2O,\ SO_2 \cdot H_2O \longleftrightarrow HSO_3^- + H^+,\ HSO_3^- \longleftrightarrow SO_3^{2-} + H^+\ [图 4-3 (1)]$$

SO_2 在溶液中的存在形态与 pH 相关 [图 4-3 (1)]。

pH = 0~2（$pK_{a1} = 1.81$）时，在溶液中分子态 SO_2（$SO_2 \cdot H_2O$）是主要的存在形式，当 pH = 2~7（$pK_{a2} = 6.91$）时，SO_2 在溶液中的主要存在形式是 HSO_3^-，当 pH = 7~10 时，SO_3^{2-} 是最主要的存在形式。一般来说，果酒的 pH 处于 3~4，因此果酒中 SO_2 的主要存在形式是 HSO_3^-。但 SO_2 在果酒中的存在形式并不是如图 4-3 (1) 所展示的那么简单。SO_2 可与各种化合物相互作用而使其性质失效。

HSO_3^- 和 SO_3^{2-} 确实具有很高的活性，可以结合果酒中的很多化合物。所以说 SO_2 在果酒中以"游离态"和"结合态"的形式存在 [图 4-3 (2)]。SO_2 的存在形式主要有以下特征：一是游离态 SO_2 是部分尚未与乙醛、花青素和有机酸等化合物结合的 HSO_3^- 和 SO_3^{2-}。二是结合态 SO_2 又分为两部分，一部分是稳定的，即不会再释放出有用的游离 SO_2；另一部分是不稳定的，随着环境（温度、游离 SO_2 量等反应条件）的变化可以释放出游离 SO_2，也可以吸收部分游离 SO_2。游离 SO_2 虽然稳定，但其量在酿酒过程中也是有变化的。

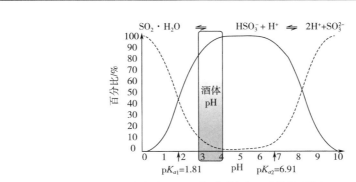

（1）在pH 0~10内3种形态占SO₂总量的百分比

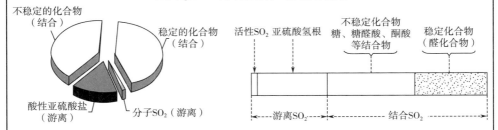

（2）SO₂的存在形式

pK_{a1}—$SO_2 \cdot H_2O \longleftrightarrow HSO_3^- + H^+$ 的解离常数　　pK_{a2}—$HSO_3^- \longleftrightarrow SO_3^{2-} + H^+$ 的解离常数

中间突出部分—果酒的有效 pH 范围

图 4-3　SO₂ 在果酒中的存在状态（Divol et al, 2012）

例如 SO₂ 与蛋白质结合形成的结合物，会随着倒罐、下胶等操作而减少，第二部分尽管可以在一定条件下释放出所结合的 SO₂，但并非完全释放，释放量是有一定限度的。再次添加 SO₂ 时，第二部分的量又会增加。分子 SO₂ 的损失一部分是由于挥发（酿酒前期），一部分由于氧化（酿酒后期），都处于动态变化中，情况比较复杂。

果酒中游离 SO₂ 的浓度至关重要，因为它是结合果酒中可氧化风味和颜色化合物的 SO₂ 的唯一形式。游离 SO₂ 是抑制微生物生长的有效形式，特别是抑制酵母的生长。关于 pH 对 SO₂ 抑菌活性的影响研究表明，SO₂ 在中性 pH 下不起作用，而分子 SO₂ 的活性却是亚硫酸氢盐的 100~500 倍。事实上，作为游离 SO₂ 形式，一部分的分子 SO₂ 后来被证明具有防腐性能。酵母对 SO₂ 的吸收取决于外部 SO₂ 的浓度，并遵循酶促反应的动力学。温度（最适温度为 50℃）和 pH（酸性 pH 有助于吸收 SO₂）对 SO₂ 的吸收有重要影响。根据研究结果，SO₂ 是以分子形式进入酵母细胞的，因为分子 SO₂ 没有电荷，很容易通过简单扩散通过微生物的细胞膜。细胞内的 pH 为 5.5~6.5，一旦进入细胞，分子 SO_2 迅速分解成亚硫酸氢盐和亚硫酸盐阴离子。这降低了细胞内分子 SO_2 的浓度，使更多的分子 SO_2 通过扩散进入细胞。

由于分子 SO_2 是果酒中作为防腐剂的形式有效的 SO_2，因此酿酒师必须了解其浓度，但只有游离 SO_2 和总 SO_2 的浓度可以测定。如果忽略果酒 pH 下的 SO_3^{2-} 的极低浓度，则在果酒 pH 下的水溶液中的分子 SO_2 的浓度为：

$$[分子 SO_2] = \frac{[HSO_3^-]}{10^{(pH-pK_{a1})}}$$，然而，如上所述，SO_2 与果酒中的许多化合物发生反应，分子 SO_2 只能被视为游离 SO_2 的一小部分，而不能视为总 SO_2 的一部分。因此方程变为：$[分子 SO_2] = \frac{[游离 SO_2]}{1+10^{(pH-pK_{a1})}}$。

即使考虑到果酒中 pH 的变化范围有限，但分子 SO_2 的浓度变化也很大（表 4-2）（Divol et al, 2012）。

表 4-2　pH 对游离 SO_2 浓度为 50mg/L 的果酒中分子 SO_2 浓度的影响（Divol et al, 2012）

pH	分子 SO_2/(mg/L)	(分子 SO_2/游离 SO_2)/%
2.8	4.64	9.28
3.0	3.03	6.06
3.2	1.96	3.91
3.4	1.25	2.51
3.6	0.80	1.60
3.8	0.51	1.01
4.0	0.32	0.64
4.2	0.20	0.41

关于分子 SO_2 与游离 SO_2 之间的关系，还有一套比较具体的计算方法，即 $[游离 SO_2] = [分子 SO_2] \times [1+10^{(pH-1.8)}]$，所计算出的数据与表 4-3 的数据基本一致。

表 4-3			不同 pH 条件下游离 SO_2 和分子 SO_2 的换算关系		
游离 SO_2 在各种 pH 下的分布百分比/%			获得以下分子 SO_2 浓度所需要的游离 SO_2/(mg/L)		
pH	SO_2	HSO_3^-	SO_3^{2-}	分子 SO_2 0.8mg/L	分子 SO_2 0.5mg/L
2.90	7.5	92.5	0.009	10	7
2.95	6.6	—	—	12	7
3.00	6.1	93.9	0.0012	13	8
3.05	5.3	—	—	15	9
3.10	4.9	95.1	0.015	16	10
3.15	4.3	—	—	19	12
3.20	3.9	96.1	0.019	21	13
3.25	3.4	—	—	23	15
3.30	3.1	96.8	0.024	26	16
3.35	2.7	—	—	29	18
3.40	2.5	97.5	0.030	32	20
3.45	2.2	—	—	37	23
3.50	2.0	98.0	0.038	40	25
3.55	1.8	—	—	46	29
3.60	1.6	98.4	0.048	50	31
3.65	1.4	—	—	57	36
3.70	1.3	98.7	0.061	63	39
3.75	1.1	—	—	72	45
3.80	1.0	98.9	0.077	79	49
3.85	0.9	—	—	91	57
3.90	0.8	99.1	0.097	99	62
3.95	0.7	—	—	114	71
4.00	0.7	99.2	0.122	125	78

就经验值而言，当总 SO_2 为 0~50mg/L 时，50% 变成游离态（添加目标增量的 2 倍），当总 SO_2 为 50~80mg/L 时，70% 变成游离态（添加目标增量的 1.4 倍），当总 SO_2>80mg/L 时，90% 变成游离态（添加目标增量的 1.1 倍），也就是说随着 SO_2 浓度的增加，结合率降低是一个大的趋势。

如添加 SO_2 前，总 SO_2 为 40mg/L，游离 SO_2 为 15mg/L，pH3.6，目标分子态 SO_2 为 0.8mg/L，发酵液总量为 20 L，此时查表 4-3（pH3.6-分子态 SO_2 0.8mg/L）可得，要求游离 SO_2 为 50mg/L，因此需要将游离 SO_2 调整到 50mg/L。

计算二氧化硫添加量：（50-15）×20/0.50＝1.4g（此处以偏重亚硫酸钾的形式加入，偏重亚硫酸钾到 SO_2 的实际转化率为 0.57，本书统一按 0.50 计算）。由于调整前总 SO_2 含量为 40mg/L，处于上述的 0~50mg/L 的范畴，在此范畴中仅 50% 变成游离态，因此计算出的 SO_2 添加量要加倍，即所需添加的偏重亚硫酸钾的量为：1.4×2＝2.8g（即添加目标增量的 2 倍），其余以此类推。

3. 果酒中 SO_2 添加量的计算

实际操作中，在每次补 SO_2 前，需要对果酒中的 SO_2 含量进行检测，确定所要补加的量，然后根据经验，按照一定比例进行补加，因为完全按照测定值进行补加，可能难以加到目标值。SO_2 的添加形式有多种，SO_2 气体、液态 SO_2（亚硫酸）、固态 SO_2（偏重亚硫酸钾/偏重亚硫酸钠）等，其中偏重亚硫酸钾在生产实践中使用较多。根据偏重亚硫酸钾中硫的质量分数可知 SO_2 的转化率约为 57%，生产中按 50% 计算，因此每次计算时，如添加 50mg/L 的 SO_2，应按 100mg/L 的量添加偏重亚硫酸钾。

一般而言，酿酒后期加的 SO_2，基本都以游离态存在，而在前期加的 SO_2 只有一部分为游离态。总 SO_2 是测定出来的实际值，不是先前添加的总 SO_2 的量。分子 SO_2 是游离态的一种，一般认为感官阈值为 0.8~2mg/L 分子 SO_2。为了保护酒的品质，不被氧化，一般推荐：干红（0.5~0.6mg/L 分子 SO_2）、干白（0.8mg/L 分子 SO_2）、甜白（1.5~2.0mg/L 分子 SO_2）（Divol et al,2012）。

注：在实际应用中，SO_2 为偏重亚硫酸钾转化而成，为方便估算，单位为 mg/L。

二、调整成分

参照例 4-2 测定蓝莓果汁的白利度，并参考例 3-2 进行计算，同时参照例 3-3 测定果汁的 pH，并按照例 5-1 计算出所需的酸的用量。然后用蔗糖或果葡糖浆将果汁的白利度调到目标值，用酒石酸或碳酸氢钾将 pH 调到目标值。

例4-2 水果白利度测定的操作

利用手持糖度计或数显糖度计（图4-4）等仪器可测水果白利度，手持糖度计成本较低，易购买，比较普及。因数显糖度计的使用可依据说明书简单操作，故此处仅介绍手持糖度计的使用。

利用手持糖度计测定果蔬中的总可溶性固形物（TSS）含量，可大致表示果蔬的含糖量。光线从一种介质进入另一种介质时会产生折射现象，且入射角正弦之比恒为定值，此比值称为折光率。果蔬汁液中可溶性固形物含量与折光率在一定条件下（同一温度、压力）成正比，故测定果蔬汁液的折光率，可求出果蔬汁液的浓度（糖含量）。

（1）手持糖度计　　　　　　　　（2）校准　　　　　　　　（3）数显糖度计

图4-4　糖度计

步骤1　校准

为确保仪器测定结果的准确度，在使用前，须使用蒸馏水校准。将盖板打开，用吸管滴2~3滴蒸馏水到棱镜玻璃面上。合上盖板，让蒸馏水均匀平铺在整个棱镜表面。将手持糖度计对准光线好的方向，用眼睛观察目镜，目镜中会看到中央标有刻度的圆形区域，上部分为蓝色，下部分为白色，中央竖立有一列刻度。如果刻度模糊不清，可以扭动目镜，使刻度观察清楚为止。旋转目镜可以调节成像的焦距，适应每个人不同的视力。蓝色和白色交界线正好在0刻度处时，必须校准。若交界线不在0刻度处时，需用小螺丝刀在折射仪上端调整螺丝，使分界线与0刻度线对齐。至此，校准完成。

步骤2　测量

把盖板打开，用柔软的纸或布擦干棱镜上的蒸馏水，然后用吸管滴2~3滴所需测试的汁液（最好取不同批次水果3~5个的混合汁液），合上盖板，让汁液均匀铺满整个棱镜表面。用眼睛观察目镜，读取蓝白交界线的刻度值，即为该样品溶液的测量值。测3次，取平均值。

步骤 3　清洁

测完后应该及时清洁棱镜表面，可以用潮湿的布擦掉汁液，并用几滴蒸馏水清洗，再用软纸或布擦干水分。

三、接种发酵

在酶解和成分调整好的蓝莓果汁中，接入活性干酵母。活性干酵母的接入量以生产实践条件为准，也可接入参考量 0.2g/L，酵母的活化参考例 2-5，待果汁在常温下明显启动发酵后，将发酵温度控制在 16~18℃，进行低温发酵。主发酵过程中，每天需要搅拌通氧或打循环并利用液体比重计监测相对密度（例 3-4），发酵周期 20~30d，干型酒当糖含量低于 4g/L 时，终止发酵，进行压榨。

四、压榨分离

达到终止发酵要求的果酒就可以进行压榨分离。将原醪液按量装入气囊压榨机中，进行充气压榨，得蓝莓原酒，并在原酒中按终浓度 50mg/L 的量添加 SO_2 终止发酵。蓝莓果渣可提取花青素或加糖再次发酵后蒸馏白兰地或另行处理。

五、后发酵

酒精发酵结束后，蓝莓果酒有必要进行后发酵过程，即利用微生物的苹果酸-乳酸发酵降低酸度，改善果酒品质。发酵期间应加强管理，保持容器密封，桶满。发酵结束后，过滤去杂（例 4-3）。

例 4-3　苹果酸-乳酸发酵的原理及操作

物理降酸法和化学降酸法一般只对果酒中含量较高的酒石酸有效，而对苹果酸等效果较差。苹果酸降酸主要依靠微生物分解来降低酸度，主要途径是苹果酸-乳酸发酵，这里介绍此发酵的原理及操作。

L-苹果酸在乳酸菌的苹果酸-乳酸酶催化下转变成 L-乳酸和 CO_2 的过程称为苹果酸-乳酸发酵。能完成该过程的乳酸菌有明串珠菌、片球菌、酒球菌和乳杆菌等。该方法可以使具有尖锐口感的苹果酸变成具有柔和口感的乳酸，在该过程中去掉苹果酸的 1 个羧基。同时该转化过程还会产生带有黄油风味的丁二酮等风味物质。经过苹果酸-乳酸发酵的果酒中苹果酸含量下降,乳酸含量上升,酸含量从整体来看是下降的。对于一些酸度过高的果酒而言,有助于降低酸度,使果酒整体结构更为平衡。对希望为果酒增添第二类香气和风味物质而言,苹果酸-乳酸发酵能给果酒带来黄油和奶油等风味物质,并使果酒的口感变得更为柔和。

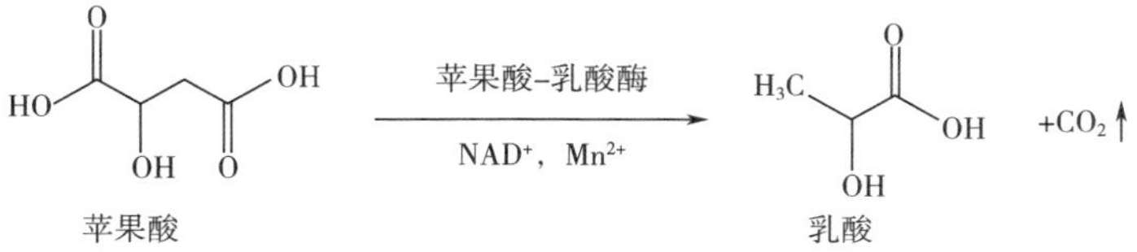

苹果酸   乳酸

1. 苹果酸-乳酸发酵对果酒品质的影响

与乳酸菌的发酵特性和生长条件有关,若发酵纯正则可提高酒的品质,否则引起酒的变质。

(1)降酸作用 使苹果酸在苹果酸-乳酸酶(脱羧酶)的作用下催化为乳酸和 CO_2。

(2)修饰风味 酯类的合成和分解可增加果香、奶香,乳酸菌还可以引起糖的释放,减少粗糙度或涩味的感觉,并产生更复杂的口味。

(3)降低色度 花青素的吸附作用使 pH 升高,有利于苹果酸向乳酸的转换。

(4)提高抗污染能力 能提高干型果酒对微生物污染的抵抗能力。

2. 苹果酸-乳酸发酵的操作

大多数干红葡萄酒和干型酒的酿造都会进行苹果酸-乳酸发酵,而甜型酒在酿造过程中,苹果酸-乳酸发酵工艺常常被抑制,因为在酒液中含有大量糖的情况下,乳酸菌不再分解苹果酸,而是降解糖,并产生一些挥发性酸,给甜葡萄酒带来不愉悦的气息。因此在进行苹果酸-乳酸发酵前应先对酒类的风味需求进行仔细研判。

苹果酸-乳酸发酵在酒精发酵结束后进行,最佳条件为 pH 在 3.1～3.4,酒精度低于 13%vol,温度 20～22℃(高于 22℃,挥发酸含量升高),总 SO_2 低于 100mg/L 或游离 SO_2 低于 50mg/L,接种乳酸菌前应对这些理化参数进行调整,特别注意的是压榨分离后不需要添加 SO_2 终止发酵,否则抑制乳酸菌发酵。

苹果酸-乳酸发酵的常用产乳酸菌为酒球菌,接种的终浓度为 $10^6 \sim 10^7$ CFU/mL,利用纸层析法检测是否出现乳酸,若出现乳酸则苹果酸-乳酸发酵(以下简称"苹-乳发酵")已启动。

酒精发酵和苹-乳发酵不宜交叉进行，因为乳酸菌除分解苹果酸以外，还可分解糖而形成乳酸、醋酸和甘露醇等，产生所谓的"乳酸病"。

苹果酸-乳酸发酵过程中，及时监测发酵状态，接种乳酸菌约三天后通过纸层析法监控发酵状态，特别是苹果酸的变化，发酵旺盛期一天一测，直到层析纸上苹果酸图纹消失。

发酵结束后为防止乳酸菌的其他代谢、微生物活动及相关问题，应立即分离倒罐，同时添加 SO_2。

3. 乳酸菌的酸败及控制方法

在进行苹果酸-乳酸发酵的同时，乳酸菌也会产生不良反应影响酒的风味，导致果酒酸败。主要有：酒石酸发酵（酸度下降，酒出现浑浊，并产生气体，颜色变浅）、甘油分解为丙烯醛（酸度增加并带苦味）、糖分发酵成乳酸（风味改变，口感粗糙）、酒体黏稠（酒球菌分泌多糖，大量菌体结团，使酒变得黏稠，酒味平淡）。对这些现象的主要防治措施有以下几点。

（1）发酵贮藏过程中适量添加 SO_2，可防止乳酸菌生长，在苹果酸-乳酸发酵结束后即加入。

（2）酒精发酵结束后立即倒罐，防止酵母自溶混入酒中。

（3）低温贮酒，15℃以下乳酸菌很难生长。

（4）提高酒的酸度，如添加酒石酸。

六、澄清处理

蓝莓酒是一种胶体溶液，在销售过程中易出现失光、浑浊，甚至沉淀现象，影响酒的品质。采用合适的澄清剂能够使酒液澄清透明和去除蓝莓果酒中引起浑浊及颜色和风味改变的物质。在 18~20℃ 条件下，用蛋清粉或皂土作为澄清剂进行处理。

七、品评与调配

稳定的新酒应对酒精度、总糖、总酸、挥发酸等关键指标进行检测，同时进行品评，品评后将酒精度、总糖、总酸及微量指标调整到目标值。

八、陈酿、稳定处理

陈酿条件为4℃，空气湿度85%。同时可考虑进行冷稳定处理，处理时严格将冷冻温度控制在蓝莓酒冰点以上1℃为宜（常用温度-6~-5℃），温度过高影响除杂效果，温度过低会使酒全部冻结，解冻后影响风味，时长约为 5d，结束后用板框过滤机过滤即可。冷稳定处理除了可以除去酒中过量的酒石酸盐类结晶沉淀外，还可除去酒中过剩的单宁、果胶、色素、正价铁磷酸盐和蛋白质凝结物，提高酒的澄清度和稳定性。

九、灭菌与灌装

按要求调配好的酒经理化指标检测和卫生指标检查合格后，经过过滤、灌装（选用深色瓶）、封口等工艺后，置于 65℃ 的热水中灭菌 30min，冷却，按要求贴标包装即为成品酒。

第三节　质量标准（GB/T 32783—2016）

一、感官指标

感官指标见表 4-4。

表 4-4　　　　　　　　　　　蓝莓果酒的感官指标

项目		要求	
外观	色泽	紫红色、宝石红色、砖红色	
	澄清度	澄清，有光泽，无明显悬浮物及沉淀（使用软木塞封口的酒允许有少量软木渣，装瓶 6 个月的蓝莓果酒允许有少量沉淀）	
香气与滋味	香气	具有蓝莓品种的香气和酒香	
	滋味	干型、半干型	醇正、优雅、爽净，果香和酒香协调，酒体完整
		半甜型、甜型	醇正、圆润，酸甜可口，果香突出，酒体完整
典型性		具有蓝莓品种和产品类型应有的特征和风味	

二、理化指标

理化指标见表 4-5。

表 4-5　　　　　　　　　　　蓝莓果酒的理化指标

项目	指标			
	干型	半干型	半甜型	甜型
酒精度/（20℃,%vol）	≥5.0			
总糖/（以葡萄糖计，g/L）	≤12.0	12.1~18.0	18.1~45.0	≥45.1
总酸/（以柠檬酸计，g/L）	≥4.0			
挥发酸/（以乙酸计，g/L）	≤1.2			
干浸出物/（g/L）	蓝莓果酒≥16.0，蓝莓冰酒≥20.0			
酒精度标签示值与实测值之差不应超过±1.0%vol				

三、卫生指标

符合《食品安全国家标准　发酵酒及其配制酒》（GB 2758—2012）的相关规定。

第五章　猕猴桃果酒的酿造

猕猴桃为猕猴桃科猕猴桃属植物，原产于中国。猕猴桃果形椭圆（图5-1），质地柔软，口感酸甜，是世界上非常受欢迎的水果之一。

图5-1　猕猴桃果实

猕猴桃的栽培驯化仅100余年历史，现已形成绿、黄、红多种果肉颜色并存的局面，但从国际猕猴桃市场来看，仍以绿肉猕猴桃占主导。在我国绿肉美味系品种占70%，而兼具黄肉及红肉的中华猕猴桃品种约占25%。我国猕猴桃的主要栽培品种及特性见表5-1。

表5-1　　　　　　　　　　　　我国主要猕猴桃品种

种名	品种名称	果肉特色	总糖含量/%	有机酸含量/%	选育单位	审定时间
中华猕猴桃	红阳	黄肉红心	9~14	0.1~0.5	四川省自然资源科学研究院和苍溪县农业农村局	1997 年
	楚红	绿肉红心	9	1~2	湖南省园艺研究所	2005 年
	东红猕猴桃	黄肉红心	13.45	0.49	武汉植物园	2012 年
	翠玉	绿肉绿心	13	1.3	湖南省园艺研究所	1994—2001 年
	丰悦	黄肉黄心	11	2.1	湖南省园艺研究所	2001 年
	丰硕	黄绿肉	—	1.3	湖南园艺研究所	2011 年
	金桃	黄肉	8~10	1.2~1.7	武汉植物园	2005 年
	金艳	黄肉	9	0.9	武汉植物园	1984—2006—2010 年
	魁蜜	黄或黄绿肉	6~12	0.8~1.5	江西省农科院园艺研究所	1979—1992 年

续表

种名	品种名称	果肉特色	总糖含量/%	有机酸含量/%	选育单位	审定时间
美味猕猴桃	米良1号	绿肉	9.55	1.41	吉首大学	1989年
	金魁	绿肉	13	1.6	湖北省农业科学院果树茶叶研究所	1993年

猕猴桃富含糖类、氨基酸、维生素、胡萝卜素等多种营养成分（表5-2），是一种具有功能性食品开发潜能的果实之一。该果实中的糖主要为：蔗糖、葡萄糖、麦芽糖、果糖等，优势糖为果糖；有机酸主要为抗坏血酸、柠檬酸、苹果酸、奎宁酸等，优势酸为奎宁酸。因猕猴桃具有较为合适的糖酸含量，因此适合用来酿造果酒。

表5-2　　　　　　　　　　　　　猕猴桃的主要营养成分

主要营养成分	美味猕猴桃（绿肉系列）/100g可食用果肉	中华猕猴桃（黄肉系列）/100g可食用果肉	参考文献
水/g	83.07	83.22	
能量/kJ	255	251	
蛋白质/g	1.14	1.23	
总脂/g	0.52	0.56	
灰分/g	0.61	0.76	
膳食纤维/g	3	2.0	
总碳水化合物/g	8.99	10.98	
蔗糖/g	0.15	0.05	
葡萄糖/g	4.11	5.2	（Drummond，2013）
果糖/g	4.35	5.68	
麦芽糖/g	0.19	0.05	
淀粉/g	0	0.18	
抗坏血酸/mg	92.7	105.4	
柠檬酸/mg	490~1290	460~517	
苹果酸/mg	80~260	214	
奎宁酸/mg	540~1320	1310~1354	

第一节　工艺流程

工艺流程见图 5-2。

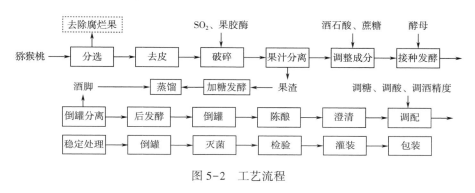

图 5-2　工艺流程

第二节　工艺关键点说明

一、原料的分选、去皮及破碎

收购黄色果肉（九成熟）的猕猴桃果实，去掉烂果、霉果。进厂的猕猴桃控制可溶性固形物在 10%（质量分数，余同）以上，总含酸量 10g/L 左右。然后直接使用不锈钢单道打浆机去皮并破碎猕猴桃，同时按终浓度 50mg/L 的量添加 SO_2，终浓度 20mg/L 的量添加果胶酶，并静置放置至少 12h。

二、果汁分离

完成酶解的猕猴桃果浆经过滤或者虹吸等方式将果汁和果渣分开，获得较为澄清的果汁，果渣中可添加一定量的糖并添加适量的酿造用水，经发酵后蒸馏得相应白兰地。

三、调整成分

参照例 4-2 测定猕猴桃果汁的白利度，并参考例 3-2 计算出所需的糖含量，同时参照例3-3测定果汁的pH，并按照例5-1计算出所需的酸的用量。然后用蔗糖或果葡糖浆将果汁的白利度调到目标值，用酒石酸或碳酸氢钾将pH调到目标值。

例5-1　调酸的基本原理及计算

果酒中的酸度有两种表达方式：滴定酸度和pH，二者相互联系，随着pH下降，滴定酸度会增强，反之亦然，但二者不呈线性关系。果酒酿造过程中的pH应控制在3.3~3.7，滴定酸度应控制在3.0~6.0g/L（以苹果酸计），多数水果的酸度达不到该范围，因此需要进行调整。

将果汁的酸度调整到合适范围对于酿酒师是很大的挑战。常用的方法是给果汁中添加酸或用水稀释，或者将两种酸度不同的果汁混合到所需酸度。

果酒酿造中，利用pH来表征果汁酸度更易操作，一般pH取3.6比较合适，远离该pH均需做适当调整。

（1）pH>3.6时，添加酒石酸增酸，理论添加量（单位为g）可按下列公式估算：（pH-3.6）×10×V（装罐体积），该公式主要适用于葡萄酒的酿造，在应用于其他水果时，调整结果会偏酸，对于特色果酒酿造时，可进行定量预试验，然后等比例放大添加量比较可靠。

（2）pH≤3.6时，添加碳酸钙或碳酸氢钾降酸，理论添加量为：1g碳酸钙中和1g硫酸或2g碳酸氢钾中和1g硫酸。可按实际情况进行试加。

在增酸时，酒石酸是最佳选择，因为酒石酸不能被微生物所代谢，所以加进去的酸不会影响酒成分的变化，如果用柠檬酸，葡萄酒中应≤50g/100L，否则会导致酒的挥发酸偏高，影响风味。挥发酸含量大于1.2g/L时可考虑是果酒发生了酸败（Yu et al, 2021），很难酿出优质果酒。其他调整方法也可参考相关文献的十字交叉法等方法，但一定要注意酿酒环境的差异性，请具体情况具体分析，预试验在果酒酿造中的意义非常大。

不同有机酸的含量转换可参考表5-3。

表5-3　　　　　　　　　　有机酸含量转换系数表（李鹏飞，2008）

酸的名称	酒石酸	苹果酸	柠檬酸	乳酸	硫酸	醋酸
酒石酸	1.000	0.893	0.853	1.200	0.653	0.800
苹果酸	1.119	1.000	0.955	1.343	0.731	0.896
柠檬酸	1.172	1.047	1.000	1.406	0.766	0.938
乳酸	0.833	0.744	0.711	1.000	0.544	0.667
硫酸	1.531	1.367	1.306	1.837	1.000	1.225
醋酸	1.250	1.117	1.067	1.500	0.817	1.000

依据表5-3，硫酸含量（g/L）=酒石酸含量（g/L）×0.653；酒石酸含量（g/L）=硫酸含量（g/L）×1.531，即"竖列"的某有机酸含量×两种有机酸交叉点的转换系数即为"横列"某有机酸的含量。发酵醪的pH应为3.3~3.7，此时其滴定酸度在3.0~6.0g/L（以苹果酸计），此范围对于果酒发酵均是有利的。

四、接种发酵

在酶解和成分调整好的猕猴桃果汁中，接入活性干酵母（例5-2）。活性干酵母的接入量以生产实践条件为准，也可接入参考量0.2g/L（终浓度），酵母的活化参考例2-5，待果汁在常温下明显启动发酵后，将发酵温度控制在16~18℃，进行低温发酵。主发酵过程中，每天需要搅拌通氧或打循环并利用液体比重计监测相对密度（例3-4），主发酵周期7~15d，主发酵结束后，倒罐分离，并加入终浓度为50mg/L的SO_2抑制发酵。

例5-2　果酒酿造中的常用酵母

酵母是果酒酿造的灵魂，是发酵香的重要缔造者，酿酒酵母的特性在很大程度上决定了果酒的特色（Fleet，2008）。酵母偏好含糖较高的偏酸性环境，主要分布在果实、叶子表面、花蜜、树木汁液、果园土壤、酿造厂等地。酵母多数为腐生型，少数为寄生型。果酒酿造中的常用酵母见表5-4。

表5-4　　　　　　　　　果酒酿造中的常用酵母

菌株编号	品牌	国家	菌株特性
适合黑色水果发酵的酿酒酵母（桑葚、覆盆子等）			
ZYMAFLORE XPURE	Laffort	法国	有强大的发酵能力，可唤醒水果本身潜在的芳香，减少青涩的植物气息的产生。释放大量黑色水果的芳香，成酒柔顺甘美，香气清爽
适用于红色水果发酵的酿酒酵母（草莓、樱桃等）			
ZYMAFLORE RX60	Laffort	法国	具有强大的发酵能力，能产生大量新鲜的红色水果芳香，H_2S产生量少
适用于黄色水果发酵的酿酒酵母（黄桃、梨、刺梨等）			
ZYMAFLORE X16	Laffort	法国	具有强大的发酵能力，产生黄色水果和白色花朵香气的能力突出。无乙烯、苯酚的产生，H_2S产量少。能释放大量发酵类芳香

续表

菌株编号	品牌	国家	菌株特性
通用型酿酒酵母			
ACTIFLORE F33	Laffort	法国	高酒精度耐受性，发酵温区广。发酵平稳，能产生大量的多糖。H_2S 产量非常少，成酒圆润优雅
非酿酒酵母			
ZYMAFLORE EGIDE	Laffort	法国	适用于无硫酿造工艺，对水果和果汁应进行微生物保护，在预发酵阶段可以快速植入环境并控制其他微生物菌落
ZYMAFLORE ALPHA	Laffort	法国	适用于预发酵阶段控制微生物环境，减少 SO_2 的使用。当果汁白利度高或霉变时，挥发酸产量小。产生大量水解多糖，提高芳香复杂度

　　水果和酵母特性间的适配性是发酵酒酿造过程中选择酵母的重要依据。在不断的发酵实践过程中，形成了大量选择酵母发酵特定水果的经验，并催生了诸多酵母生产商。在发酵中用得比较多的品牌有我国的安琪（Angel），法国的拉氟德（Laffort）、弗曼迪斯（Fermentis）和诺盟（Lamothe-abiet），加拿大的拉曼（Lallmand），意大利的 AEB 和英纳蒂斯（Enartis），澳大利亚的茂瑞（Maurivin）等。最新观点认为非酿酒酵母在酒精发酵过程中能调节果酒的香气（Borren et al，2020）及保持果酒新鲜度（Morata et al，2019），在后发酵中能对苹果酸-乳酸发酵产生影响（Balmaseda et al，2018），因此也可对果酒的品质产生影响。因此当前对非酿酒酵母在调节果酒品质方面的研究是一热点。

五、后发酵

　　酒精发酵结束后，猕猴桃果酒有必要进行后发酵过程，即利用微生物的苹果酸-乳酸发酵降低酸度（例 4-3），改善果酒品质，发酵酒中残糖含量低于 12g/L 时，终止发酵。发酵期间应加强管理，保持容器密封，桶满。发酵结束后，过滤去杂。

六、澄清处理

　　通过添罐、倒罐、下胶、冷冻等技术保证猕猴桃果酒陈酿期中的氧化、酯化、缔合和沉淀反应的正常进行，采用冷热处理常温下至少保证 3 个月的自然陈酿期。

　　在 18~20℃条件下，用蛋清粉或皂土作为澄清剂进行处理。保证酒体清澈透明，具有猕猴桃的特征色泽。

七、品评与调配

稳定的新酒应对酒精度、总糖、总酸、挥发酸等关键指标进行检测，同时进行品评，品评后将酒精度、总糖、总酸及微量指标调整到目标值。

八、陈酿、稳定处理

陈酿条件为4℃，空气湿度85%。同时可考虑进行冷稳定处理，处理时严格将冷冻温度控制在酒体冰点以上1℃为宜（常用温度-6~-5℃），温度过高影响除杂效果，温度过低会使酒全部冻结，解冻后影响风味，时长约为5d，结束后用板框过滤机过滤即可。冷稳定处理除了可以除去酒中过量的酒石酸盐类结晶沉淀外，还可除去酒中过剩的单宁、果胶、色素、正价铁磷酸盐和蛋白质凝结物，提高酒体的澄清度和稳定性。

九、灭菌与灌装

按要求调配好的酒经理化指标检测和卫生指标检查合格后，经过过滤、灌装（选用深色瓶）、封口等工艺，或可向酒中添加白兰地至酒精度在18%vol以上，装瓶、封口后，按要求贴标、包装即为成品酒。

第三节　质量标准（QB/T 2027—1994）

一、感官指标

感官指标如表5-5所示。

表5-5　　　　　　　　　　猕猴桃果酒的感官指标

项目		优等品	合格品
外观		澄清、透明、无悬浮物、无沉淀	
色泽	干、半干	微黄或浅黄色	
	半甜、甜酒	浅黄或金黄色	
	汽酒	浅黄或金黄色	

续表

项目		优等品	合格品
香气		具有猕猴桃清新的果香和醇厚、清雅、协调的酒香	具有猕猴桃果香和醇正的酒香，无异香
滋味	干、半干	具有纯净、新鲜、爽怡的口感，酒体醇正，完整，协调适口	酒体醇和爽口，无异味
	半甜、甜酒	具有纯净、新鲜、爽怡的口感，酒体醇厚，酸甜协调	酒体醇和爽口，酸甜协调，无异味
	汽酒	分别具有干、半干、半甜、甜酒的滋味，还应有 CO_2 特有的杀口力	
泡沫	汽酒	注入洁净杯中，应有洁白泡沫升起	

二、理化指标

猕猴桃果酒的理化指标如表 5-6 所示。

表 5-6   猕猴桃果酒的理化指标

项目		优等品	合格品
酒精度/(20℃，%vol)	范围	8.0~18.0	
	允许差	±1.0	
总糖/(以葡萄糖计，g/L)	干	≤4.0	
	半干	4.1~12.0	
	半甜	12.1~50.0	
	甜酒	>50.0	
干浸出物/(g/L)		≥14.0	≥12.0
滴定酸（以酒石酸计）/(g/L)		4.0~8.0	
挥发酸（以乙酸计）/(g/L)		≤0.8	≤1.1
维生素 C/(mg/L)	干、半干	≥200	
	半甜、甜酒	≤150	
总二氧化硫/(mg/L)		≤250	
游离二氧化硫/(mg/L)		≤50	
CO_2/(20℃，MPa)	汽酒	≥0.30	

三、卫生指标

符合《食品安全国家标准　发酵酒及其配制酒》（GB 2758—2012）的相关规定。

第六章　苹果果酒的酿造

　　苹果为蔷薇科苹果树属落叶乔木，原产欧洲及亚洲中部，全世界温带地区均有种植，在南北纬35~50°是其最佳生长范围。苹果果实圆形，着色艳丽，口感酸甜，是世界上非常受欢迎的水果之一。

　　苹果富含多种营养成分，具有较高的保健价值。苹果汁含有丰富的多酚物质（Hyson，2011）（表6-1），其总酚含量可达368.3~378.6mg/L，并且被证明在体内能预防结肠癌（Koch et al，2009）。苹果多酚能减少脂肪组织的质量（Tamura et al，2020），从而对减肥有着积极作用。苹果中多糖能促进双歧杆菌的生长，从而对于优化人体代谢具有一定的作用（Li et al，2020）。不但食用苹果具有非常重要的保健功能，利用苹果酿成的酒或醋也具有非常多的功能，如抗氧化功能（Hmad et al，2018），另外已经证明，苹果果渣（来源于榨汁或者酿酒、饮料等）具有促进脂类代谢、提高抗氧化状态、促进消化等功能，从而对于代谢紊乱的防治具有积极作用（Skinner et al，2018）。

表 6-1　　　　　　　　　　　苹果汁中的多酚物质　　　　　　　　　单位：mg/L

营养成分	含量	参考文献
原花青素 B_1	4.2~8.5	（Koch et al，2009）
原花青素 B_2	14.4~20.9	
原花青素 C_1	0~3.9	
（+）-儿茶素	0~11.2	
（-）-表儿茶素	15.5~17.9	
总黄烷-3-醇	37.2~53.5	
根皮素-2'-O-木葡糖苷	59.8~62.6	
根皮苷	19.7~25.1	
未知根皮素葡萄糖苷	0~7.3	
根皮素-2'-O-半乳糖苷	0~6.3	
总二氢查耳酮衍生物	85.8~95.0	

续表

营养成分	含量	参考文献
绿原酸	149.9~155.9	
隐绿原酸	0~12	
咖啡酸	0~1.5	
丙烯酰胺基葡萄糖	0~1.5	
3-异丙基奎宁酸	1.9~2.6	
4-异丙基奎宁酸	52.9~76.7	
香豆酸	0~1.0	(Koch et al, 2009)
总酚酸	225.2~235.1	
槲皮素-3-O-半乳糖苷	1.2~1.9	
槲皮素-3-O-葡萄糖苷	0.6~1.1	
槲皮素-3-邻木糖苷	0~0.6	
槲皮素-3-O-阿拉伯糖苷	0~0.8	
槲皮素-3-O-芦丁	0~0.8	
槲皮素-3-O-鼠李糖苷	4.9~7.0	

苹果汁中的优势糖是果糖，平均为50.79g/L，白利度最高可达14.5°Bx，苹果酸是优势酸，平均为6.03mg/L。钾（795.14mg/100g）和铁（2.04μg/g）分别为苹果的优势大量元素、微量元素（Kumar et al, 2018）。苹果果酒是以新鲜苹果为原料酿造的一种饮料酒。一般制作苹果果酒的果实要求成熟、无霉烂。早熟品种适合生食不宜酿酒，而中晚熟品种既可生食又可酿酒。在苹果果酒的酿造过程中，虽然苹果酸、乳酸、奎宁酸、丙酮酸、柠檬酸均有所升高，而莽草酸的含量会下降，但是苹果酸仍然是果酒中的优势酸（Ye et al, 2014），因此在后期处理过程中应通过生物降酸法将苹果酸的含量降低。

试验结果表明，利用苹果酿造的蒸馏酒比发酵果酒的苹果风味更加突出，而且具有更佳的升值空间，因此本章在介绍苹果发酵酒工艺的基础上重点介绍苹果蒸馏酒的工艺。

第一节　工艺流程

工艺流程见图 6-1。

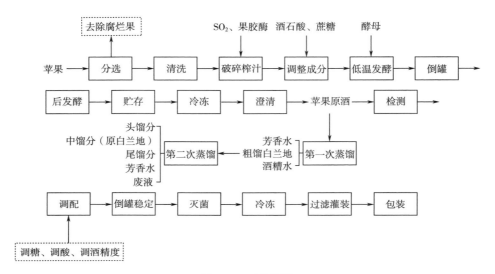

图 6-1　工艺流程

第二节　工艺关键点说明

一、苹果发酵酒的酿造

1. 原料的分选与清洗

选择 8~9 成熟、香气浓郁、含糖量高的苹果，摘除果柄，去除坏果、霉果。因苹果的香气物质主要集中在果皮上，而小果实的表面积大于大果实，因此在酿造苹果果酒时选择小苹果会增加出汁率和酒香。酿造前需对果实进行清洗，可用 50mg/L 的 SO_2 水进行清洗，如果果实含农药量较高，可先用 1% 的稀盐酸浸泡，然后再用清水冲洗。洗涤过程中可用木棒搅拌，也可用清洗机。

2. 破碎榨汁

使用苹果破碎机（图6-2）将苹果直接破碎，不要将籽压破，否则果酒会产生苦味，破碎后在果浆中按1∶1（体积比）的比例加入酿造用水，同时迅速加入SO_2使终浓度为50mg/L，终浓度0.3g/100mL的果胶酶，搅拌均匀，静置约12h。

69.5cm 材质：201不锈钢
处理量：130~150kg/h
23.5cm 转速：1430r/min
设备净重：10.52kg
功率：550W

34.0cm

图6-2　小型苹果破碎机

3. 调整成分

参照例4-2测定苹果果汁的白利度，并参考例3-2计算出所需的糖含量，同时参照例3-3测定果汁的pH，并按照例5-1计算出所需的酸用量。然后用蔗糖或果葡糖浆将果汁的白利度调到目标值，用酒石酸或碳酸氢钾将pH调到目标值。

4. 低温发酵

在酶解和成分调整好的苹果汁中，接入活化后的活性干酵母。活性干酵母的接入量以生产实践条件为准，也可接入参考量0.2g/L（终浓度），酵母的活化参考例2-5，待果汁在常温下明显启动发酵后，将发酵温度控制在16~18℃，进行低温发酵（例6-1）。主发酵过程中，每天需要搅拌通氧或打循环并利用液体比重计监测发酵液的相对密度（例3-4），主发酵周期15~20d，主发酵结束后，倒罐分离，并加入SO_2使终浓度为50mg/L抑制发酵。

例6-1　控制低温发酵的优势

果酒酿造中，低温发酵一般控制温度在12~20℃，低温发酵果酒具有以下优势。

（1）低温会减缓水果的发酵过程，有利于保留水果本身的果香和个性，同时有利于平衡果香和生青味（Deed et al，2017）。

（2）低温环境下，酵母被抑制活性，果皮与果汁浸渍时间延长，部分水果的果皮带给果酒的颜色和味道就更加丰富，同时能提高二级香气，如能增加乙酸乙酯和乙基酯类的含量，降低高级醇和挥发酸的含量（原苗苗等，2017）。

（3）低温环境下，果酒发酵液不易被氧化，可以最大限度地保留有效成分的活性，减少挥发性芳香物质的损失，增加酒的香气。

5. 后发酵

酒精发酵结束后，苹果酒有必要进行后发酵过程，即利用微生物的苹果酸-乳酸发酵降低酸度，改善果酒品质，常用的产乳酸菌为酒球菌，接种菌的终浓度为 $10^6 \sim 10^7$ CFU/mL，苹果酸-乳酸发酵的最佳 pH 为 3.0~3.2，最佳温度为 20~22℃，酒精度≤13%vol，若超过此值则会抑制酒球菌的生长，轻微通风有利于发酵，发酵时间 15~45d，利用纸层析法检测乳酸是否出现来判断苹果酸-乳酸发酵的启动情况（例4-3）。发酵期间应加强管理，保持容器密封，桶满。发酵结束后，过滤去杂。

6. 贮存、冷冻与澄清

通过添罐、倒罐、下胶、冷冻等技术保证苹果果酒陈酿期中的氧化、酯化、缩合和沉淀反应的正常进行，先采用冷冻处理（0~10℃，7d），然后在 18~20℃条件下，用蛋清粉或皂土作为澄清剂进行处理，保证酒体清澈透明，具有苹果酒的特征色泽，经倒罐获得苹果原酒。

7. 检测与调配

稳定的新酒应对其酒精度、总糖、总酸、挥发酸等关键指标进行检测，同时进行品评，品评后将酒精度、总糖、总酸及微量指标调整到目标值（例6-2）。

例6-2 果酒调配的基本原理和操作

调配的主要思路是用酒调酒。调配前应明确用来调配的每一种果酒的质量，首先利用蔗糖将它们的白利度调到所需值，并且对每个样品逐一品尝，经过品尝后可将已达到感官平衡的果酒放置于一边，将注意力集中在酸度和单宁含量不协调的果酒上。然后针对单宁含量进行调配，可以利用量筒试着将单宁含量较高的果酒与单宁含量较低的果酒进行混合，不断地调整混合比例，直至达到风味平衡。如果需要添加果酸，则考虑按 0.1g/100mL 的添加量逐渐增加，直到满意为止。在此阶段，要进行降酸是非常困难的，可以考虑利用碳酸钙和碳酸钾降酸，但往往会给果酒带来异味。当通过调配果酒达到单宁和酸的平衡后，再纠正其他微妙的风味和香气成分。

8. 灭菌与灌装

按要求调配好的酒经理化指标检测和卫生指标检查合格后，经过过滤、灌装（选用深色瓶）、封口等工艺。经过滤后，苹果酒应清亮透明，带有苹果特有的香气和发酵酒香，色泽为浅黄绿色。如果酒精度在 16%vol 以上，则不需灭菌，否则必须灭菌，灭菌方法与其他果酒一致，当然也可向酒中添加白兰地至酒精度在 18%vol 以上。装瓶、封口后，按要求贴标、包装即为成品酒。

二、苹果蒸馏酒的酿造

此处采用二次蒸馏方法对苹果原酒进行蒸馏。首先蒸馏出对应白兰地原料酒，得到粗馏原白兰地，然后将粗馏原白兰地进行重复蒸馏，掐去酒头和酒尾，取中馏分，即为原白兰地。当然也有采用带分馏盘的大锅设备，一次蒸馏白兰地原料酒，可直接得到头馏分、中馏分和尾馏分，单独接收的中馏分即为一次蒸馏所得到的原白兰地。无论是二次蒸馏还是一次蒸馏，如何掐头去尾和取中馏分都是问题。下面阐述在二次蒸馏中如何掐头去尾取中馏分的问题。

1. 苹果果酒的粗馏

从酒精度为 7%~12%vol 的苹果原酒中蒸馏获得粗馏白兰地，酒精度为 22%~35%vol，粗馏白兰地体积占被蒸馏的苹果酒的 25%~35%。本次蒸馏通常不分酒头酒尾，把苹果原酒全部在大火（接近 90℃）下蒸馏成粗馏白兰地，实验室常采用以下设备（图 6-3）。蒸馏后期，截取酒精度低于 20%vol 的馏分，作为芳香用水，可用来调配芳香型白兰地。

图 6-3　小型蒸馏装置

2. 苹果果酒的精馏

精馏时，中馏分即为一级品原白兰地。低于 55%vol 的馏分为尾馏分，可用于蒸馏二级品原白兰地。也可把低于 20%vol 的尾馏分单独收存贮藏作为芳香水。蒸馏一级白兰地时，头馏分和中馏分的温度是 80~85℃，尾馏分 86~90℃。二级白兰地的蒸馏温度是头馏分为 82~84℃，中馏分和尾馏分 85~90℃。

首先对待精馏的粗馏原白兰地测酒精度（酒精度测定方法可参考 GB 5009.225—2016 中的直接酒精计法，已确认蒸馏出的原白兰地可直接测，不需再进行蒸馏），如获得 35%vol 的粗馏原白兰地，接下来根据该数据进行掐头去尾和取中馏分的计算。

掐头：酒头馏分中含有相当数量的醛、酯等物质，具有尖锐的气味和不愉快的口味，这个馏分的截取应该在开始流酒的时候。截取的数量应占粗馏原白兰地总酒精度的 1%~2%vol，此处按 1%计算，具体计算为：20L 桶中如果装 18L 原白兰地，酒精度为 35%vol，则掐头计算如下所示。

原白兰地的酒精含量为：18×35%=6.3L。

截取 1%的酒头：6.3×1%=0.063L=63mL。

蒸馏出来的酒头测酒精度，如果酒头的平均酒精度为：70%vol。

则应去掉的酒头为：63÷70%=90mL。

因此在这种情况下，因截取的酒精度为 70%vol 的酒头馏分为 90mL。掐去酒头后，馏出液澄清透明，尖锐气味减少，口味变得平和而愉快。从这个时刻起，截取中馏分，随着蒸馏时间的推移，酒精度逐渐降低，当馏出的酒精度降到 55%vol 时，中馏分的蒸馏即告结束。这样得到的一级品原白兰地，平均酒精度为 65%~70%vol。原白兰地经过陈酿贮存后可调配高质量的白兰地。

去尾：酒精度低于 55%vol 的馏出物为尾馏分，将第一次蒸馏的头馏分和尾馏分混合起来再次蒸馏，即可得到二级品原白兰地，也可用于提取工业用的乙醇。

另外，低于 20%vol 的馏分可以留着，用于降度水，当然可以根据需要取更多的蒸馏水用来调配。蒸馏的详细内容参考：王恭堂编写的《白兰地工艺学》（中国轻工业出版社于 2002 年出版）。

第三节　质量标准（T/CBJ 5104—2020）

一、苹果发酵酒的质量标准

1. 感官指标
感官指标如表 6-2 所示。

表 6-2		感官指标	
外观	色泽	淡黄色
	清/浑	澄清透明，无悬浮物，无沉淀物
香气	滋味	具有苹果的果香和清新的酒香
	风格	醇和清香、柔细清爽、酸甜适中，具有苹果酒的典型风格

2. 理化指标

理化指标如表 6-3 所示。

表 6-3		理化指标	
项目	指标	项目	指标
酒精度/(20℃,%vol)	8~13	总酸/(g/L)	6~8
总糖/(以葡萄糖计，g/L)	≤50	挥发酸/(g/L)	≤1.2

二、苹果白兰地的质量标准

苹果白兰地的质量标准可参考 GB/T 11856—2008 的部分内容。

第四节　卫生指标

符合《食品安全国家标准　发酵酒及其配制酒》（GB 2758—2012）的相关规定。

第七章 红枣果酒的酿造

红枣为鼠李科枣属落叶小乔木果实，生长于海拔 1700m 以下的山区、丘陵或平原。原产我国，现在亚洲、欧洲和美洲有栽培，至今已有 3000 多年的栽培历史。红枣（图 7-1）富含碳水化合物、蛋白质、维生素（C、P）、微量元素、黄酮类物质、有机酸、三萜类化合物等，具有很高的营养价值和药用价值。红枣性温、味甘，是集药、食、补三大功能为一体的功能性食品。

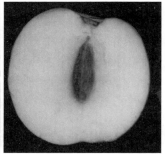

图 7-1 红枣

我国学者曾利用气相色谱-质谱联用技术（GC-MS）检测了阜平大枣、沧州金丝小枣、赞皇大枣和枣强大枣的非挥发性有机酸成分，主要的有机酸成分如表 7-1 所示，其中含有亚油酸、碳烯酸等不饱和脂肪酸，该结果表示 4 种红枣中的主要呈味有机酸为柠檬酸、苹果酸、富马酸和琥珀酸，其中柠檬酸和苹果酸对呈味的贡献最大（侯丽娟等，2017）。

表 7-1　　　　　　　　　4 种红枣中主要的有机酸成分　　　　　　　单位：mg/100g

阜平大枣	沧州金丝小枣	赞皇大枣	枣强大枣
乙酰丙酸（54.745）	乙酰丙酸（51.491）	乙酰丙酸（55.961）	乙酰丙酸（67.033）
柠檬酸（11.366）	柠檬酸（14.375）	柠檬酸（22.544）	柠檬酸（15.393）
棕榈油酸（7.255）	棕榈油酸（6.165）	苹果酸（10.434）	苹果酸（7.339）

续表

阜平大枣	沧州金丝小枣	赞皇大枣	枣强大枣
苹果酸（6.793）	苹果酸（5.353）	棕榈酸（3.134）	棕榈油酸（6.15）
棕榈酸（2.203）	8-十八碳烯酸（2.557）	月桂酸（2.681）	棕榈酸（2.335）
月桂酸（2.193）	月桂酸（1.997）	棕榈油酸（1.858）	月桂酸（2.318）
11-十八碳烯酸（1.602）	富马酸（1.953）	富马酸（1.437）	富马酸（1.473）
草酸（1.530）	巴西酸（1.669）	草酸（1.006）	
富马酸（1.465）	8,11-亚油酸（1.645）		
肉豆蔻酸（1.389）	棕榈酸（1.49）		
亚油酸（1.203）	草酸（1.072）		

同时，学者还对红枣中的糖进行了检测分析，结果发现红枣的总糖含量均在70%（质量分数，余同）以上，其中骏枣、金丝小枣、赞皇大枣和木枣的总糖含量大于81%，还原糖占比在44.9%～74.4%（牛林茹等，2015），灰枣的糖酸比高达114.05（王萍等，2015），因此红枣除供鲜食外，常可以制成蜜枣、熏枣、黑枣、酒枣及牙枣等蜜饯和果脯，是枣泥、枣面、枣酒、枣醋等的重要食品工业原料。

红枣酒是以红枣为原料，经全部或部分发酵而获得的发酵酒，本章重点介绍红枣发酵酒的酿造工艺。

第一节　工艺流程

工艺流程见图7-2。

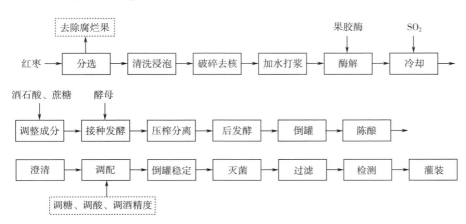

图7-2　工艺流程

第二节　工艺关键点说明

1. 原料的分选与清洗浸泡

选择成熟、无病虫害、无腐烂的红枣为原料，利用清水将果皮上的泥土、杂质及附着的微生物清洗干净，为了防止杂菌污染可用 50mg/L 的 SO_2 水进行润洗。然后用约 5 倍质量红枣的酿造用水进行浸泡约 3h。

2. 破碎去核

浸泡完成后，开始加热，将水加热至沸腾，并保持 30min，然后冷却破碎去核。

3. 加水打浆

去核后的枣浆补加原料红枣质量 3 倍的酿造用水，并将红枣放进打浆机中进行打浆。

4. 酶解

在果浆中添加果胶酶，使终浓度为 0.8g/L，在 50℃ 条件下酶解至少 5h，然后利用过滤网对果浆进行过滤，获得红枣果汁。

5. 调整成分

待果汁冷却后，调整 SO_2 终浓度为 50mg/L，同时参照例 4-2 测定红枣果汁的白利度，并参考例 3-2 计算出所需的糖含量，同时参照例 3-3 测定果汁的pH，并按照例 5-1 计算出所需的酸用量。将所需添加的糖和酸的量，分批次加入红枣果汁中，完成糖酸调整工作。

6. 接种发酵

在酶解和成分调整好的红枣汁中，接入活性干酵母。活性干酵母可选用DV10，接入量以生产实践条件为准，也可接入参考量至终浓度 0.3g/L，酵母的活化参考见例 2-5，待果汁在常温下明显启动发酵后（例 7-1），将发酵温度控制在 25℃。主发酵过程中，每天需要搅拌通氧或打循环并利用液体比重计监测相对密度（例 3-4），待发酵液中的残糖量小于 4g/L 时，主发酵结束，倒罐分离，并保持终浓度 50mg/L 的 SO_2 抑制发酵。

例 7-1　酒精发酵的中止及其预防方法

多数浆果中含有酵母菌生长繁殖所需的所有物质。正常情况下，入罐时接种 $1×10^6$CFU/L 的酿酒酵母，酒精发酵很容易启动。启动的酒精发酵状态对酒精发酵的持续和完成有着重要影响。发酵启动过慢，发酵液受到好氧菌、霉菌的感染和氧化危害，香气变质，产生挥发酸、不良气味和白膜；发酵过程过快，温度升高导致香气损失，被 CO_2 气体迅速带走，形成的香气粗劣，最后得到的酒不够细腻和愉悦。酿酒师在酿造过程中会遇到的一种酒精发酵状态是发酵着的发酵液会突然中途停止，这经常从相对密度为 1.030 左右开始，尚留有大量的糖未转化，这种状况是不可接受的，称为发酵中止，必须分析原因，以便采取重新启动发酵的措施。

1. 引起酒精发酵中止的可能原因

（1）酵母数量不足或野生酵母发酵能力低导致发酵中止　发酵液中含有大量野生酵母，添加的酵母和野生酵母之间相互竞争而无法扩展繁殖。

（2）营养缺乏导致发酵中止　酵母的繁殖需要可吸收氮（称为酵母可利用氮，主要是铵态氮）。每升汁液的可吸收氮要保证在 140～350mg，若低于 140mg 或高于 350mg 就有可能导致发酵中止。

（3）浊度不合适引起酒精发酵中止　一般而言，果汁的浊度应处于 60～200NTU，因为低于 60NTU，酒精发酵就比较困难，浊度越低，酒精发酵中止的风险越大，而高于 200NTU 则会影响果酒的感官质量，另外，越澄清的汁液酵母需要的氧就越多（浊度低于 100NTU），要定期通足够的氧。

（4）高糖产生过高的渗透压抑制酵母生长　发酵液中白利度过高会导致渗透压过高，影响酵母的生长，使得酵母出现代谢停滞，产生中止现象。

（5）发酵温度过高　酒精发酵时如果没有制冷或制冷系统故障，温度有可能上升到 35～40℃。35℃ 高温和高浓度酒精环境下酵母细胞酶的活性会受到抑制进而影响发酵进程，升温过早、过快都会有影响。

（6）缺氧导致发酵中止　酒精发酵是厌氧过程，但发酵的第二个阶段（指数增长期），氧气是必需品。研究表明，将氧气和氮气分别通入发酵罐中观察，通入氮气的样品发酵极其缓慢甚至中止，而通入氧气后发酵重新启动直至发酵结束。通氧气的酵母数量是通氮气的酵母数量的 20 倍。通常商业活性干酵母的添加量为 200mg/L，这样浓度的数量级达到了 $1×10^6$CFU/mL。在指数增长期酵母可繁殖 5～6 代，数量从 $1×10^6$CFU/mL 增加到 $1×10^7$～$1×10^8$ CFU/mL，这时如果没有足够的氧气，增长速率就会降低，导致发酵中止，此时可通过开放式循环泵送氧气。

如果不幸出现酒精发酵中止情况，应当立即具体分析原因，重新启动发酵。

2. 预防措施

环境、设备应保持良好的卫生状态，用 50mg/L 的 SO_2 水对场地和设备进行消毒处理，限制杂菌污染。

为防止野生酵母的影响，必须及时添加酵母，对于清汁发酵的果酒，应在果汁澄清后立即添加，对于带皮发酵的果酒，在 SO_2 处理 12h 后添加。入罐

时适量添加 NH_4HSO_3，不仅可产生 SO_2，还可提供酵母的可同化氮。

如果果汁/发酵液缺氮，在发酵开始时（相对密度为 1.050~1.060）添加最为有效，可与加糖和打循环通风同时进行，因为酵母为兼性厌氧菌，在生长繁殖过程中是需要氧气的，在发酵过程中每天 1.5~2 倍（原料的质量）体积的开放式通风量是必要的，在此期间由于 CO_2 的释放，不会有氧化风险，也可利用不锈钢微孔设备直接注入氧气（10mL/L 果汁）。

果汁发酵进行到一半时，加氧（7mL/L）结合添加磷酸氢二铵（300mg/L）可有效地防止发酵中止，同时如果添加酵母皮或无活力的酵母也有效。

选择耐高糖和高酒精度的酵母菌株，能将糖完全转化为酒精。

3. 发酵中止时的处理方法

24~48h 发酵液的密度不再下降，可预判发酵汁有发酵中止的风险，得做好酵母重启工作。

尽快将发酵液封闭分离到干净的发酵罐中，即使浸渍不够也要分离。分离有利于防止细菌侵染和对发酵汁通气，并降低发酵液的温度，分离可添加 SO_2 抑制杂菌，有些情况下，分离后可重启发酵，将发酵液温度调为 20℃。

如果不能自然重启就必须添加酵母，但如果发酵液中已经有 8%~9%vol 的酒精度，直接添加活性干酵母是不能奏效的。

制备酵母：取 5%~10% 发酵中止的果汁，将其酒精度调整为 8%vol，糖浓度调整至 20g/L（以下均为终浓度），温度调整至 20℃，添加酵母营养助剂使浓度为 0.4g/L，并使 SO_2 终浓度为 30mg/L（余同），然后加入高酒精耐受性的活性干酵母，使终浓度为 0.2g/L，在 20~25℃ 进行发酵。当糖接近耗尽（相对密度低于 1.000）时，按 5%~10%（体积分数）的比例加入发酵中止的果汁中，再启动发酵，也可以 1:1（体积比）的比例将发酵中止的果汁加到酵母中，使混合汁进行发酵。当混合发酵果汁相对密度低于 1.000 时，再将发酵中止的果汁按 1:1（体积比）的比例混合，直至所有果汁发酵结束。

7. 压榨分离

发酵结束的发酵液可先将上层澄清液先导流出来，然后将下层部分用气囊压榨机进行分离或用滤网进行分离，获得发酵原酒。

8. 后发酵

酒精发酵结束后，酒体有必要进行后发酵过程，即利用微生物的苹果酸-乳酸发酵降低酸度（例4-3），改善果酒品质，常用的产乳酸菌为酒球菌，接种菌的终浓度为 10^6~10^7 CFU/mL，苹果酸-乳酸发酵的最佳 pH 为 3.0~3.2，最佳温度为 20~22℃，酒精度 ≤13%vol。发酵期间应加强管理，保持容器密封，桶满。

发酵结束后，过滤去杂。

9. 倒罐、陈酿与澄清

通过添罐、倒罐、下胶、冷冻等技术保证陈酿期中的氧化、酯化、缔合和沉淀反应的正常进行，采用冷冻处理（0~10℃，7d），然后在 18~20℃条件下，用蛋清粉或皂土作为澄清剂进行处理。保证酒体清澈透明，具有红枣的特征色泽，经倒罐获得红枣原酒。

10. 检测与调配

稳定的新酒应对酒精度（例 7-2）、总糖、总酸、挥发酸等关键指标进行检测，同时进行品评，品评后将酒精度、总糖、总酸及微量指标调整到目标值。

例 7-2　酒精度的定义及检测方法

1. 酒精度的定义

酒精度表示酒中含乙醇的体积百分比，通常是以 20℃时的体积百分比表示的，如 50%vol 的酒，表示在 100mL 的酒中，含有乙醇 50mL（20℃），因为酒精度以体积计算，故在百分比后面冠以 vol，与质量以示区分。

2. 酒精度测定原理

果酒经直接加热蒸馏法去除样品中的不挥发物，馏出物用蒸馏水恢复至原体积，然后用密度瓶测定 20℃时馏出液的密度 ρ_{20}^{20}，经查附录四对照表，即可得出试样中酒精度的体积分数。

3. 测定方法

GB 5009.225—2016 规定三种方法。

（1）密度瓶法　经典的分析方法，精确度较高，设备投资少，操作简单，为仲裁法。

（2）气相色谱法　先进、速度快，但设备投资高。

（3）酒精计法　误差较大，但简单快速。

第三节　红枣发酵酒中氨基酸含量和香气成分

我国学者对 5 种红枣果酒的氨基酸种类和含量进行了检测，结果如表 7-2 所示。红枣果酒中含有大量的氨基酸，特别是占有一定量的必需氨基酸（崔梦君等，2020）。

表 7-2　　　　　　　　　　5 种红枣果酒的氨基酸种类和含量　　　　　　　　单位：μg/mL

氨基酸种类	灵宝枣果酒	木枣果酒	圆铃枣果酒	壶瓶枣果酒	石门枣果酒
天冬氨酸	8.60	16.89	65.30	25.38	21.60
苏氨酸	1.31	2.88	3.62	2.26	2.79
丝氨酸	2.24	3.11	4.52	2.83	3.63
谷氨酸	2.80	5.24	7.58	5.57	6.26
脯氨酸	123.33	99.11	168.05	91.59	157.68
甘氨酸	1.63	2.23	3.72	2.36	3.24
丙氨酸	0.57	0.50	1.05	1.10	0.52
胱氨酸	2.31	3.61	7.18	5.03	3.66
异亮氨酸	1.65	2.49	4.02	2.38	3.10
酪氨酸	1.13	1.37	1.59	1.05	1.60
苯丙氨酸	2.71	3.26	4.49	2.75	3.54
组氨酸	0.63	0.83	1.16	0.78	1.04
赖氨酸	1.44	1.99	2.79	1.42	2.97
精氨酸	0.86	3.38	8.69	1.16	5.64
必需氨基酸含量	7.11	10.62	14.92	8.81	12.40
必需氨基酸比例/%	4.70	7.23	5.26	6.05	5.71
氨基酸总量	151.21	146.89	283.76	145.66	217.27

同时，另有学者对酒体中的香气成分进行了研究，发现红枣果酒的花香味和果香味是主要香味，其次为化学味。构成以上风味特征的主要物质可能是大马士酮、苯乙醛、己酸乙酯、乙酸异戊酯、丁酸乙酯和异戊醇（表 7-3）（马腾臻等，2021）。

表 7-3　　　　　不同品种红枣果酒气味活性值（OAV）及特征描述

香气化合物	OAV			阈值/（μg/L）	香气描述
	临泽小枣果酒	小口枣果酒	民勤圆枣果酒		
丁酸乙酯	0.61	11.10	1.05	20	菠萝味、草莓味
乙酸异戊酯	5.47	11.53	5.22	30	香蕉味
己酸乙酯	13.55	25.26	11.97	14	青苹果、草莓味

续表

香气化合物	OAV			阈值/（μg/L）	香气描述
	临泽小枣果酒	小口枣果酒	民勤圆枣果酒		
庚酸乙酯	0.11	0.19	0.08	300	果香
辛酸乙酯	0.69	1.02	0.57	240	成熟水果、梨味，甜香
癸酸乙酯	0.19	0.42	0.46	200	脂肪味、果香
苯甲酸乙酯	0.34	0.53	0.94	60	花香、果香
月桂酸乙酯	0.54	0.00	0.87	83	花香、果香
异戊醇	2.99	4.41	3.42	300	苹果白兰地味、辛辣味
1-壬醇	0.00	1.50	0.00	5	橙子味、蔷薇香
苯乙醇	0.38	0.42	0.47	1400	花香、玫瑰香、蜂蜜味
2-甲基丁酸	0.18	0.00	0.28	30	辛辣乳酪味
辛酸	0.09	0.14	0.07	2200	脂肪酸、乳制品味
异戊酸	0.00	0.15	0.33	34	泡菜味、腐败味
正癸酸	0.05	0.14	0.35	1400	脂肪味、木头味
芳樟醇	0.06	0.06	0.15	25	花香、熏衣草香
大马士酮	116.43	313.14	179.50	0.14	玫瑰香
香叶醇	0.06	0.10	0.16	20	玫瑰香、柠檬味
壬醛	0.31	0.26	0.14	15	生青味
苯乙醛	19.45	0.00	30.70	1	蜂蜜味、花香

第四节　质量标准（Q/SYJ 0002S—2019）

一、感官指标

感官指标如表7-4所示。

表 7-4 　　　　　　　　　　　　**感官指标**

外观	色泽	红宝石色
	清/浑	澄清透明，无悬浮物，无沉淀物
香气	滋味	具有红枣的果香和清新的酒香，果香与酒香协调
	风格	醇和温性、柔细清爽、酸甜适中，具有红枣酒的典型风格

二、理化指标

理化指标如表 7-5 所示。

表 7-5 　　　　　　　　　　　　**理化指标**

项目	指标			
	干红枣果酒	半干红枣果酒	半甜红枣果酒	甜红枣果酒（利口酒、冰酒）
酒精度/（20℃,%vol）	≥5.0			
总糖/（以葡萄糖计，g/L）	≤9.0	9.1~12.0	12.1~35.0	≥35.1
滴定酸/（以酒石酸计，g/L）	4.0~9.0			
挥发酸/（以醋酸计，g/L）	≤1.5			
总 SO_2/（mg/L）	≤250			
干浸出物/（g/L）	≥5.0			
铁/（以 Fe 计，mg/L）	≤8.0			
铅/（以 Pb 计，mg/L）	≤0.19			
甲醇/（mg/L）	≤400			
酒精度标签示值与实测值之差不应超过±1.0%vol				

三、卫生指标

符合《食品安全国家标准　发酵酒及其配制酒》（GB 2758—2012）的相关规定。

第八章　山楂果酒的酿造

山楂为蔷薇科山楂属落叶乔木果实（图8-1），生长于海拔100~1500m的山坡林边或灌木丛中，主要分布在北温带北纬30°~50°的东亚、北美洲和欧洲等地区，在我国已有近3000年的种植历史。

图8-1　山楂

山楂果实的营养成分非常丰富（表8-1）（唐道民，2016），富含多酚类物质、有机酸和氨基酸（段元良，2016）。

表8-1　　　　　　　　　　1000g 山楂果实中所含的营养成分

营养成分	含量/占比	营养成分	含量/占比
水	64.26%	能量	14212J/g
Ca	3046.37mg	K	13531.96mg
Mg	1502mg	Na	312.18mg
Al	33.05mg	Fe	32.771mg
B	22.50mg	P	477.88mg
油脂	0.87%	蛋白质	2.48%
灰分	2.28%	纤维素	4.67%
果胶	6.4%		

在山楂中发现了 40 多种酚类化合物，大部分属于花青素或酚醛酸、B 型原花青素和黄酮醇苷、碳苷黄酮、糖苷、花青苷等，最主要的是原花青素和黄酮。在山楂中已经发现的黄酮类物质超过 50 种，主要分为两类：即黄酮和黄酮醇（唐道民，2016）。

山楂中含有山楂酸、熊果酸、齐墩果酸、苹果酸、酒石酸、草酸、油酸、亚油酸、亚麻酸、绿原酸、琥珀酸、棕榈酸、硬脂酸、柠檬酸等在内的多种有机酸，其中柠檬酸、苹果酸和酒石酸是优势酸（唐道民，2016）。

山楂果实中的氨基酸种类和含量见表 8-2。

表 8-2　　　　　　　　　　　　山楂果实中的氨基酸种类和含量　　　　　　　　　单位：%

氨基酸种类	含量	氨基酸种类	含量
缬氨酸	0.15~0.20	丝氨酸	0.05~0.12
异亮氨酸	0.10~0.17	丙氨酸	0.10~0.17
苯丙氨酸	0.08~0.15	天冬氨酸	0.20~0.62
亮氨酸	0.12~0.23	酪氨酸	0.05~0.08
甲硫氨酸	0.05~0.06	精氨酸	0.09~0.13
苏氨酸	0.08~0.12	脯氨酸	0.03~0.12
赖氨酸	0.05~0.18	组氨酸	0.03~0.15
甘氨酸	0.08~0.11	谷氨酸	0.25~0.45

山楂含有表 8-2 中丰富的营养成分，是我国一种重要的药食同源资源，传统中医学认为山楂可以消食健胃、活血、收敛止泻、行气散癖等。山楂中丰富的三萜类组分和熊果酸可通过细胞周期阻滞和凋亡诱导发挥抗癌细胞增殖活性，从而具有抗癌活性（Wen et al，2017）。山楂果实可改善 β-淀粉样蛋白诱导的阿尔茨海默病小鼠模型的记忆缺陷（Lee et al，2019）。山楂果实具有体外抗糖尿病作用（Chowdhury et al，2014）。

山楂的多种功能性品质赋予了山楂在食品和药物方面的巨大加工潜力。近年来，利用山楂酿造果酒是开发功能性食品的有效方法之一。本章重点介绍山楂发酵酒的酿造工艺。

第一节　工艺流程

工艺流程见图 8-2。

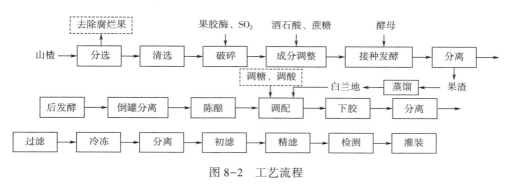

图 8-2　工艺流程

第二节　工艺关键点说明

一、原料的分选与清洗

选择新鲜，无霉烂、虫害的完整山楂果实，果实要求不能熟透，以使用八成熟果实为佳，熟透的果实腐烂快，不易保存，且果实本身的微生物种类及数量过多，而成熟度不够的果实，酸度太高，糖含量低，不利于山楂果酒的酿造且极易影响口感，将选好的山楂去梗，使用清水清洗干净，并用 50mg/L 的 SO_2 水进行润洗防杂菌。

同时需要制备 65% 的糖浆，称取一定质量的白砂糖（主要成分为蔗糖），缓慢加入质量约为白砂糖一半的沸水中，不断搅拌，至白砂糖完全溶解，冷却，用水定容，使糖浆的含量为 65%（质量分数），备用。

二、破碎

利用电动式双辊破碎机将分选洗净的山楂压成数瓣，其程度以不压破果核为前提，尽量将山楂破碎，并按 1：1（质量比）的比例添加酿造用水，同时按

20mg/L 的量添加果胶酶，按 50mg/L 的量添加 SO_2。

三、成分调整

山楂含糖量一般为 8%~12%，参照例 4-2 测定山楂果汁的白利度，并参考例 3-2 计算出所需的糖含量，同时参照按 3-3 测定果汁的 pH，并按照例 5-1 计算出所需的酸用量。将所需添加的糖和酸的量，分批次加入山楂果汁中，完成糖酸调整工作。

四、接种发酵

在酶解后和成分调整好的山楂汁中，接入活性干酵母。活性干酵母的接入量以生产实践条件为准，也可接入参考量 0.3g/L（终浓度），酵母的活化参考例 2-5，待果汁在常温下明显启动发酵后，将发酵温度控制在 25℃。主发酵过程中，每天需要搅拌通氧或打循环并利用液体比重计监测相对密度（例 3-4），待发酵液中的残糖量小于 4g/L 时，主发酵结束，倒罐分离，并按 50mg/L 加入 SO_2 抑制发酵。

五、压榨分离

发酵结束的发酵液可先将上层澄清液导流出来，然后将下层部分用气囊压榨机进行分离或用滤网进行分离，获得山楂发酵原酒。

六、果渣蒸馏

参照第六章的蒸馏方法对果渣进行蒸馏获得山楂蒸馏酒，用来进行山楂发酵酒的调配。蒸馏时应注意温度控制，粗馏时温度可控制在 92℃ 左右，精馏时可根据实际情况降低温度，同时可延长蒸馏时间获得蒸馏水作为降度水。

七、后发酵

酒精发酵结束后，山楂酒有必要进行后发酵过程，即利用微生物的苹果酸-乳酸发酵降低酸度，改善果酒品质，常用的产乳酸菌为酒球菌，接种菌的终浓度为 10^6~10^7 CFU/mL，苹果酸-乳酸发酵的最佳 pH 为 3.0~3.2，最佳温度为 20~22℃，酒精度≤13%vol。发酵期间应加强管理，保持容器密封，桶满。发酵结束后，过滤去杂（例 4-3）。

八、调配

利用山楂蒸馏酒将山楂发酵酒的酒精度调至 18%vol，用蔗糖将糖浓度调至 45g/L 左右（例 8-1），酸度调为 5g/L 左右，游离 SO_2 终浓度为 50mg/L。如果总酸超标，可考虑在开始酿造时增加酿造用水的用量。

例 8-1　直接法测果酒中的还原糖和总糖（赵光鳌等，1987）

1. 原理

利用斐林试剂与还原糖共沸，生成氧化亚铜沉淀，以次甲基蓝为指示液，以样品或经水解后的样品滴定煮沸的斐林溶液，达到终点时，稍微过量的还原糖在碱性、沸腾环境下将蓝色的次甲基蓝还原为无色，以示终点，根据样品消耗量求得总糖或还原糖的含量。

具体反应有：

$C_{12}H_{22}O_{11} + H_2O \xrightarrow{H^+} C_6H_{12}O_6$（葡萄糖）$+ C_6H_{12}O_6$（果糖）（果酒中蔗糖酸化水解为还原糖）。

斐林试剂 A 液（$CuSO_4$）与 B 液（$C_4H_4KNaO_6 \cdot NaOH$）混合，先生成天蓝色的氢氧化铜沉淀，再与酒石酸钾钠反应，生成深蓝色的酒石酸钾钠铜。

$$CuSO_4 + 2NaOH \longrightarrow Cu(OH)_2 \downarrow + Na_2SO_4$$

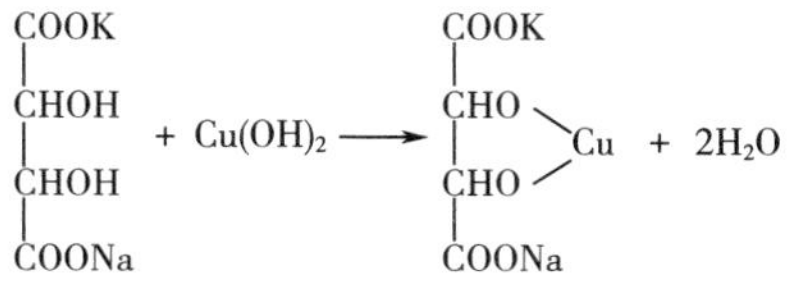

- 当斐林溶液与还原糖共沸时，酒石酸钾钠铜被还原为红色的氧化亚铜。

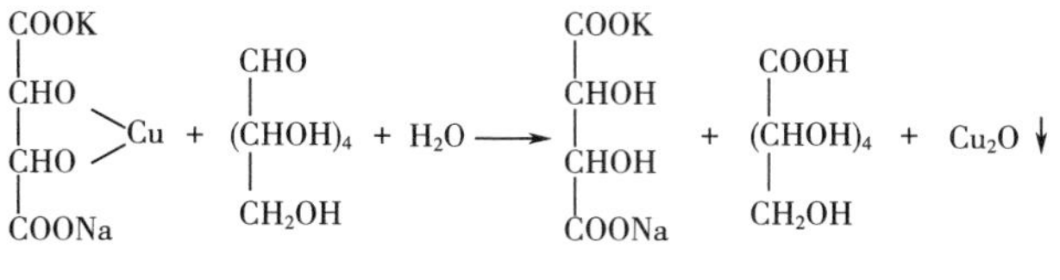

- 当加入的还原糖过量时，过量的还原糖与溶液中加入的次甲基蓝作用，使次甲基蓝由蓝色变为无色，溶液就显示出氧化亚铜的鲜红色，指示出反应终点。

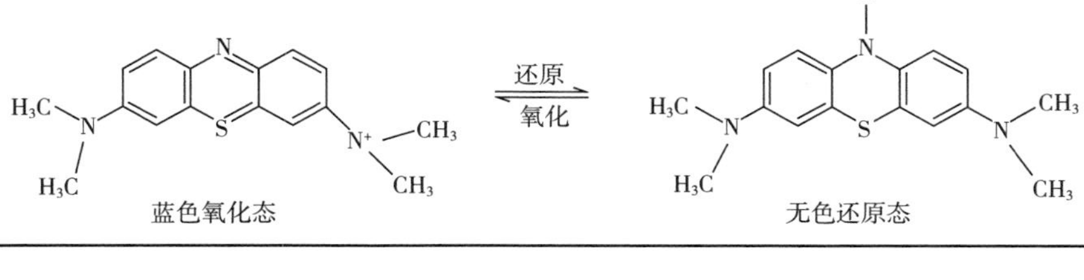

蓝色氧化态　　　　　　　　　　　　　　　　无色还原态

值得注意的是，斐林试剂中二价铜的还原力比次甲基蓝强，因此所滴入的标准葡萄糖溶液首先使二价铜还原完毕后，才能使次甲基蓝还原为无色，由于还原型的次甲基蓝遇到空气后又能转为氧化型而恢复蓝色，因此当滴定到蓝色刚消失，出现红色时应立即停止滴定。

2. 试剂与溶液

盐酸溶液：取 50mL 浓盐酸，用水定容至 100mL。

氢氧化钠溶液：称取 100g 氢氧化钠，加水溶解并定容至 500mL，摇匀，贮于塑料瓶中。

标准葡萄糖溶液：取一定量的分析纯葡萄糖，置于 105～110℃ 烘箱内烘干 3h，并在干燥器中冷却至室温，精确称取 2.5000g，用水定容至 1000mL。

次甲基蓝指示剂：称取 1.0g 次甲基蓝，溶解于水中，稀释至 100mL，棕色瓶保存。

斐林试剂 A、B 液：溶液 A，称取 34.7g 和水硫酸铜（$CuSO_4 \cdot 5H_2O$），溶于水，稀释至 100mL；溶液 B，称取 173.0g 酒石酸钾钠结晶（$C_4H_4KNaO_6 \cdot 4H_2O$）、50g 氢氧化钠、4g 亚铁氰化钾，用水稀释至 500mL。

3. 试样的准备

测还原糖用试样：准确吸取一定量（V_a，mL）的酒样于 100mL 容量瓶中，使之所含还原糖的量为 0.2～0.4g（否则，误差显著增大），用水定容到刻度（此步视样品的含糖量而定，V_b，mL）。

测总糖用试样：准确吸取一定量的样品（V_c，mL）于 100mL 容量瓶中，使之所含总糖量为 0.2～0.4g（否则，误差显著增大），加 5mL 盐酸溶液（6mol/L），加水至 20mL，摇匀；于（68±1）℃ 水浴上水解 15min，取出，冷却。用氢氧化钠溶液（200g/L）中和至中性，调温至 20℃，加水定容至刻度（V_d，mL）。

注：容量瓶的体积可随取样的多少而定，如含糖 50g/L 的甜酒，取样量在 5～8mL，而含糖量为 3g/L 的干酒，取样量则需 100mL。

4. 分析步骤

（1）斐林试剂的标定

①预备试验

取斐林试剂 A、B 液各 5.00mL 于 250mL 三角瓶中，加 50mL 水，摇匀，在电炉上加热至沸腾，在沸腾状态下用制备好的葡萄糖标准溶液趁热以先快后慢的速度滴定，滴定时要保持溶液呈沸腾状态，待溶液的蓝色将消失（变浅）呈红色时，加 2 滴次甲基蓝指示液，以 1 滴/2s 的速度滴定，直至蓝色刚好消失为终点，记录消耗葡萄糖标准溶液的体积（V_1，mL）。

②正式试验

取斐林试剂A、B液各5.00mL于250mL三角瓶中，加50mL水和比预备试验少1mL的葡萄糖标准溶液（$V_2 = V_1 - 1$），加热至沸腾，并保持2min，加2滴次甲基蓝指示液，在沸腾状态下于1min内用葡萄糖标准溶液滴定到终点（消耗葡萄糖标准溶液V_3，mL），记录消耗的葡萄糖标准溶液的总体积（$V = V_2 + V_3$）。

③F值的获得

$$F = m \times V/1000$$

F——斐林试剂A、B液各5mL相当于葡萄糖的质量，g

m——称取葡萄糖的质量，g

V——消耗葡萄糖标准溶液的总体积，mL

0.25——葡萄糖标准溶液的浓度，g/100mL

1000——毫升换算为升的换算系数

（2）试样的测定

①试样测定的预备试验（目的是初步判断试样的用量）

取250mL三角瓶，加入斐林试剂A、B液各5.00mL，水50mL，摇匀，在电炉上加热至沸腾；接着，在沸腾状态下用制备好的试样趁热以先快后慢的速度滴定，滴定时要保持溶液呈沸腾状态，待溶液的蓝色将消失（变浅）呈红色时，加2滴次甲基蓝指示液，以1滴/2s的速度滴定，直至蓝色刚好消失为终点，记录消耗的试样体积（V_0）。

②试样测定的正式试验

取250mL三角瓶，加入斐林试剂A、B液各5.00mL，水50mL，比试样测定预备试验少1mL的试样（$V_4 = V_0 - 1$，mL），摇匀，在电炉上加热至沸腾，并保持2min，加2滴次甲基蓝指示剂，在沸腾状态下于1min内用制备好的试样继续滴定至蓝色消失（滴定终点，V_5，mL），得出所用试样的总体积为$V_6 = V_4 + V_5$；测定干型酒样品时，需用葡萄糖标准溶液滴定至终点，记录消耗的葡萄糖标准溶液（V_7，mL）。

（3）计算

还原糖或总糖含量以葡萄糖计，单位为g/L。

①还原糖的含量（用试样滴定至终点）

$$X = \frac{F}{(V_a/V_b) \times V_6} \times 1000$$

②总糖的含量（用试样滴定至终点）

$$X = \frac{F}{(V_c/V_d) \times V_6} \times 1000$$

③还原糖（用葡萄糖标准溶液滴定至终点）

$$X = \frac{F - G \times V_7}{(V_a/V_b) \times V_4} \times 1000$$

④总糖的含量（用葡萄糖标准溶液滴定至终点）

$$X = \frac{F - G \times V_7}{(V_c/V_d) \times V_4} \times 1000$$

式中　　X——还原糖或总糖的含量，g/L

　　　　F——斐林试剂 A、B 液各 5mL 相当于葡萄糖的质量，g

V_a、V_c——吸取的样品体积，mL

V_b、V_d——样品稀释后或水解定容的体积，mL

　　　V_4——消耗试样的体积，mL

　　　V_6——消耗试样的总体积，mL

　　　V_7——消耗葡萄糖标准溶液的体积，mL

　　　G——葡萄糖标准溶液的准确浓度，g/mL

注意事项如下所示。

①此法所用的氧化剂碱性酒石酸铜的氧化能力较强，醛糖和酮糖都可被氧化，所以测得的是总还原糖量。

②本法是根据一定量的碱性酒石酸铜溶液（Cu^{2+} 的量一定）消耗的样液量来计算样液中还原糖含量，反应体系中 Cu^{2+} 的含量是定量的基础，所以在样品处理时，不能用铜盐作为澄清剂，以免样液中引入 Cu^{2+}，得到错误的结果。

③次甲基蓝也是一种氧化剂，但在测定条件下氧化能力比 Cu^{2+} 弱，故还原糖先与 Cu^{2+} 反应，Cu^{2+} 完全反应后，稍过量的还原糖才与次甲基蓝指示剂反应，使之由蓝色变为无色，指示到达终点。

④为消除氧化亚铜沉淀对滴定终点观察的干扰，在碱性酒石酸铜 B 液中加入少量亚铁氰化钾，使之与 Cu_2O 生成可溶性的无色络合物，而不再析出红色沉淀。

⑤斐林试剂 A 液和 B 液应分别贮存，用时才混合，否则酒石酸钾钠铜络合物长期在碱性条件下会慢慢分解析出氧化亚铜沉淀，使试剂有效浓度降低。

⑥滴定必须在沸腾条件下进行，其原因一是可以加快还原糖与 Cu^{2+} 的反应速度；二是次甲基蓝变色反应是可逆的，还原型次甲基蓝遇空气中的氧时又会被氧化为氧化型。此外，氧化亚铜也极不稳定，易被空气中氧所氧化。保持反应液沸腾可防止空气进入，避免次甲基蓝和氧化亚铜被氧化而增加耗糖量。

⑦滴定时不能随意摇动锥形瓶，更不能把锥形瓶从热源上取下来滴定，以防止空气进入反应溶液中，使滴定结果偏大。

⑧样品溶液预测的目的：一是本法对样品溶液中还原糖浓度有一定要求

（0.2%~0.4%），测定时样品溶液的消耗体积应与标定葡萄糖标准溶液时消耗的体积相近。通过预测可了解样品溶液浓度是否合适，浓度过大或过小应加以调整，使正式滴定时消耗样液量在 10mL 左右；二是通过预测可知道样液大概消耗量，以便在正式滴定时，预先加入比实际用量少 1mL 左右的样液，只留下 1mL 左右样液在续滴定时加入，以保证在 1min 内完成续滴定工作，提高测定的准确度。

⑨影响测定结果的主要操作因素是反应液碱度、热源强度、煮沸时间和滴定速度。反应液的碱度直接影响二价铜与还原糖反应的速度、反应进行的程度及测定结果。在一定范围内，溶液碱度越高，二价铜的还原越快。因此，必需严格控制反应液的体积，标定和测定时消耗的体积应接近，使反应体系碱度一致。热源一般采用 800W 电炉，电炉温度恒定后才能加热，热源强度应控制在使反应液在两分钟内沸腾，且应保持一致。否则加热至沸腾所需时间就会不同，引起蒸发量不同，使反应液碱度发生变化，从而引入误差。沸腾时间和滴定速度对结果影响也较大，一般沸腾时间短，消耗糖液多，反之，消耗糖液少；滴定速度过快，消耗糖量多，反之，消耗糖量少。因此，测定时应严格控制上述实验条件，应力求一致。平行试验样液消耗量相差不应超过 0.1mL。

⑩测定时先将反应所需样液的绝大部分加入 A+B 混合溶液中，与其共沸，仅有 1mL 左右由滴定方式加入，而不是全部由滴定方式加入，其目的是使绝大多数样液与 A+B 混合溶液在完全相同的条件下反应，减少因滴定操作带来的误差，提高测定精度。

九、下胶

将酒液温度调至 20℃以下，根据预试验确定的下胶用量和下胶剂的种类，进行扩大比例下胶，时间一般 5d 左右，分离，酒脚单独存放，上清液用硅藻土过滤机过滤澄清。

十、冷冻

将下胶好的酒液抽入冷冻罐，循环冷冻至-4℃以下，保持 4~5d，分离，将上清液趁冷一次过滤，再用硅藻土过滤机过滤至清澈透明。

十一、精滤与灌装

灌装前将冷冻澄清的酒液用精滤器进行过滤，达到灭菌效果，然后进行无菌灌装。

第三节　质量标准（QB/T 5476.2—2021）

一、感官指标

感官指标如表8-3所示。

表8-3　　　　　　　　　　　　　　感官指标

项目		要求
外观	色泽	应有本品特有色泽
	澄清度	澄清透明，无明显悬浮物（可有少量沉淀）
香气与滋味	香气	具有山楂特有的果香与酒香，诸香协调
	滋味	干型、半干型　　醇正、优雅、爽净，酒体完整
		半甜型、甜型　　醇正、优雅、醇厚，酸甜适口，酒体完整
典型性		具有山楂品种和产品类型应有的特征和风格

二、理化指标

理化指标如表8-4所示。

表8-4　　　　　　　　　　　　　　理化指标

项目	指标			
	干型	半干型	半甜型	甜型
酒精度/（20℃，%vol）	≤13.0			
总糖/（以葡萄糖计，g/L）	≤10.0	10.1~20.0	20.1~50.0	>50.0
总酸/（以柠檬酸计，g/L）	≥4.0			
挥发酸/（以醋酸计，g/L）	≤1.2			
干浸出物/（g/L）	≥15.0			
总黄酮/（以芦丁计）	不作要求			
酒精度标签示值与实测值之差不应超过±1.0%vol				

三、卫生指标

符合《食品安全国家标准　发酵酒及其配制酒》（GB 2758—2012）的相关规定。

第九章 白梨果酒的酿造

白梨为蔷薇科梨属乔木果实，生长于海拔 100~2000m 的山坡中（图 9-1）。白梨原产我国，适宜生长在干旱寒冷的地区或山坡阳面。

图 9-1　白梨

梨含多种维生素、K、Ca 等元素（表 9-1）（李国红，2018），具有降压、清热、利尿作用，对高血压、心脏病伴有的头晕目眩、耳鸣症状有一定的疗效。食用梨可保护嗓子。

表 9-1　　　　　　　　　　100g 梨果实中所含的营养成分

营养成分	含量	营养成分	含量
水/g	88.3	能量/kJ	80.0
蛋白质/mg	200.0	粗脂肪/mg	200.0
膳食纤维/g	1.1	灰分/mg	200.0
糖类/g	10.0	单宁/mg	400.0
酚类/mg	0.159	Ca/mg	50.0
P/mg	6.0	Ti/mg	0.2
维生素 C/mg	4.0	胡萝卜素/mg	0.01

梨果实中含有多种有机酸，其中优势酸为苹果酸，其次是柠檬酸（沙守峰，2012）。西洋梨的 8 个品种和沙梨的 4 个品种果实的有机酸组分除了苹果酸、柠

檬酸和富马酸以外，西洋梨"哈蒂"果实还有酒石酸（Hudina et al，2000）。不同白梨品种梨汁中的有机酸组分为苹果酸、柠檬酸、奎宁酸、莽草酸、乳酸、酒石酸、富马酸和琥珀酸（高海燕等，2004）。有研究表明梨果实中的有机酸主要由苹果酸、柠檬酸、莽草酸和奎宁酸等组成，不同品种之间的总酸含量差别较大，变化为 1.29~23.50mg/g 鲜重，苹果酸和柠檬酸是梨果实中最主要的有机酸，变化分别为 0.73~23.16mg/g 鲜重和 0.02~15.19mg/g 鲜重，这两种酸在总酸中的比例分别是 55.91% 和 37.08%。该研究同时认为，梨果实的优势酸均为苹果酸和柠檬酸，但二者在不同的栽培品种中略有不同，有时苹果酸高于柠檬酸，有时相反（姚改芳，2011）。

梨汁中的糖主要为果糖、葡萄糖和蔗糖，其中果糖和葡萄糖含量较高，不同品种梨汁中以果糖、葡萄糖计，总可溶性糖含量相对稳定（高海燕等，2004）。另有研究指出梨果实中可溶性糖主要由果糖、葡萄糖、蔗糖和山梨醇组成，总糖含量为 63.00~148.37mg/g 鲜重，其中果糖含量最高，均值为 51.17mg/g 鲜重，果糖和葡萄糖的含量相对稳定。蔗糖和山梨醇含量变化幅度较大，变化为 1.14~47.75mg/g 鲜重和 4.46~47.29mg/g 鲜重。主成分分析结果表明，白梨分布在高葡萄糖和高山梨醇区域，沙梨分布在高蔗糖和高山梨醇区域；西洋梨分布在高果糖和高山梨醇区域，秋子梨分布在高葡萄糖和高蔗糖区域，新疆梨分布在高果糖和高葡萄糖区域（姚改芳，2011）。这些研究结果表明，梨中的优势糖为果糖，其次为葡萄糖。

近些年来对梨中糖酸的研究较多，基本阐明了梨果实中的糖酸组成及优势糖酸，在酿造果酒前有必要对果实的糖酸进行深入研究，利于酿造工艺的过程调控。

第一节　工艺流程

工艺流程见图 9-2。

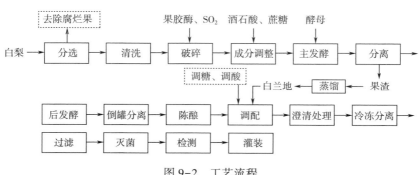

图 9-2　工艺流程

第二节 工艺关键点说明

一、原料的分选与清洗

选择新鲜、成熟度高、无霉烂、虫蛀的完整梨果，将选好的梨果去梗，使用清水清洗干净，对于农药含量较高的梨，可先用稀盐酸浸泡，然后再用清水冲洗，并用 50mg/L 的 SO_2 水进行润洗防杂菌。

二、破碎

利用破碎机将梨果打成直径为 1~2cm 的均匀小块，用螺杆泵泵入发酵罐，上罐量不超过 80%，每罐的量必须上足，否则有被污染和快速氧化的风险。破碎时可按终浓度 25mg/L 的量添加果胶酶，按终浓度 50mg/L 的量添加 SO_2。

三、成分调整

参照例 4-2 测定梨果果汁的白利度，并参考例 3-2 计算出所需的糖含量，同时参照例 3-3 测定果汁的 pH，并按照例 5-1 计算出所需的酸用量。将所需添加的糖和酸的量，分批次加入梨果果汁中，完成糖酸调整工作。

四、接种发酵

在酶解和成分调整好的梨果果汁中，接入活性干酵母。活性干酵母的接入量以生产实践条件为准，也可接入终浓度参考量 0.3g/L，酵母的活化参考例 2-5，待果汁在常温下明显启动发酵后，将发酵温度控制在 16~20℃。主发酵过程中，每天需要搅拌通氧或打循环并利用液体比重计监测相对密度（例 3-4），待发酵液中的残糖含量小于 4g/L 时，主发酵结束，倒罐分离，并将发酵液中的总 SO_2 浓度调为 50mg/L，抑制发酵。

五、分离

发酵结束的发酵液可先将上层澄清液导出来，然后将下层梨渣用气囊压榨机进行分离或用滤网进行分离，获得白梨发酵原酒，梨渣和酒脚加糖进行二次发酵。

六、果渣蒸馏

参照第六章苹果果酒的蒸馏方法对果渣进行蒸馏获得白梨蒸馏酒，用来进行白梨发酵酒的调配。蒸馏时应注意温度控制，粗馏时温度可控制在 92℃ 左右，精馏时可根据实际情况降低温度，同理可延长蒸馏时间获得蒸馏水作为降度水。

七、后发酵

酒精发酵结束后，即利用微生物的苹果酸-乳酸发酵降低酸度，改善果酒品质，常用的乳酸菌为酒球菌，接种菌的终浓度为 $10^6 \sim 10^7$ CFU/mL，苹果酸-乳酸发酵的最佳 pH 为 3.0~3.2，温度为 15~22℃。发酵期间应加强管理，保持容器密封，桶装满。发酵结束后，过滤去杂质。

八、调配

利用白梨蒸馏酒将白梨发酵酒的酒精度调至 18%vol，用蔗糖将糖浓度调至 20g/L 左右，酸度调为 6g/L 左右，游离 SO_2 为 50mg/L。如果总酸（例 9-1）超标，可考虑在开始酿造时增加酿造用水的用量。

例 9-1　电位滴定法测果酒中的总酸

果酒中的滴定酸（总酸）在我国以每升含有的酒石酸克数表示。法国则主要用硫酸量（g/L）表示。国际葡萄与葡萄酒组织（OIV）则用 g/L 酒石酸表示，但也可以根据其他方法表示。

1. 原理

以 pH 玻璃电极为指示电极，饱和甘汞电极为参比电极，用酸度计或电位滴定计指示溶液的 pH，用氢氧化钠标准滴定溶液滴定至 pH 8.2 为电位滴定终点，根据消耗氢氧化钠标准滴定溶液的体积，计算试样的总酸含量，结果以试样的主体酸表示。

反应式为：$RCOOH+NaOH=RCOONa+H_2O$

2. 试剂与溶液

（1）氢氧化钠标准滴定溶液 [$c(NaOH)$ = 0.5mol/L]（GB/T 601—2016）

①配制：称取 100g NaOH，溶于 100mL 无 CO_2 的水中（即配制成 1g/mL

的氢氧化钠饱和溶液），摇匀，注入聚乙烯容器中，密闭放置至溶液清亮。按表9-2的量，用塑料管（NaOH腐蚀玻璃）量取上层清液，用无CO_2的水稀释至1000mL，摇匀，并稀释至所需工作浓度。

表9-2　　　　　不同浓度氢氧化钠标准滴定溶液所需的氢氧化钠体积

氢氧化钠标准滴定溶液的浓度 $c(NaOH)$ / （mol/L）	吸取氢氧化钠溶液的体积 V/mL
1	54
0.5	27
0.1	5.4

②标定：按表9-3的规定量，称取于105~110℃烘箱中干燥至恒重的工作基准试剂邻苯二甲酸氢钾，加无CO_2的水溶解，加2滴酚酞指示液（10g/L），用配制的NaOH溶液滴定至溶液呈粉红色，并保持30s。同时做空白试验。

表9-3　　　　　　不同工作基准试剂浓度所需的试剂质量

氢氧化钠标准滴定溶液的浓度 $c(NaOH)$ / （mol/L）	工作基准试剂邻苯二甲酸氢钾的质量 m/g	无CO_2水的体积 V/mL
1	7.5	80
0.5	3.6	80
0.1	0.75	50

③计算：氢氧化钠标准溶液浓度按下式计算。

$$c(NaOH) = \frac{m \times 1000}{(V_1 - V_2) \times M}$$

式中　m——邻苯二甲酸氢钾质量，g

　　　V_1——氢氧化钠溶液的用量，mL

　　　V_2——空白试验消耗NaOH溶液的体积，mL

　　　M——邻苯二甲酸氢钾的摩尔质量，204.22g/mol

（2）氢氧化钠标准溶液 $c(NaOH) = 0.05mol/L$：准确吸取100mL 0.5mol/L氢氧化钠标准溶液，用无CO_2蒸馏水定容至1000mL，存放在橡胶塞上装有钠石灰管的瓶中，每周重配。

（3）酚酞指示液（10g/L）（GB/T 603—2002）：称取1g酚酞，溶于乙醇（95%），用乙醇（95%）稀释至100mL。

（4）无 CO_2 蒸馏水：将蒸馏水注入烧瓶中，煮沸 10min，立即用装有钠石灰管的胶塞塞紧，放置冷却。

3. 仪器

精密度 0.002 pH 计或电位滴定仪；磁力搅拌器。

4. 分析步骤

（1）仪器准备 将玻璃电极在蒸馏水中浸泡 24 h 以上，甘汞电极用饱和氯化钾溶液充满，并不得有气泡。按使用说明书安装仪器，接通电源。

（2）校正仪器 参照使用说明书安装仪器，接通电源；将玻璃（指示）电极和甘汞电极插入硼砂标准缓冲液（pH 9.183，25℃）中；根据液温进行校正定位。

（3）样品测定 吸取 10.00mL 样品（液温 20℃）于 100mL 烧杯中，加 50mL 水，插入电极，放入一枚转子，置于磁力搅拌器上，开始搅拌，用 NaOH 标准溶液滴定。开始时滴定速度可稍快，当样液到达 pH 8.0 后放慢滴定速度，每次滴加半滴溶液直至 pH 8.2 为其终点，记录消耗 NaOH 标准滴定溶液的体积，同时做空白试验，空白试验用 10.00mL 水代替样品。

（4）计算 总酸含量按下式计算。

$$x = \frac{c \times (V_1 - V_0) \times S_1}{V_2} \times 1000$$

式中　x——样品中总酸的含量（以酒石酸计），g/L

　　　c——NaOH 标准滴定溶液的浓度，mol/L

　　　V_0——空白试验消耗 NaOH 标准滴定溶液的体积，mL

　　　V_1——样品滴定时消耗 NaOH 标准滴定溶液的体积，mL

　　　V_2——吸取样品的体积，mL

　　　S_1——与 1.00mL 氢氧化钠标准溶液 [$c(NaOH) = 1.000mol/L$] 相当的以克表示的试样主体酸的质量。$S_{酒石酸} = 0.075$；$S_{苹果酸} = 0.067$；$S_{柠檬酸} = 0.064$；$S_{琥珀酸} = 0.059$；$S_{乳酸} = 0.090$；$S_{草酸} = 0.045$；$S_{硫酸} = 0.049$

计算结果保留至小数点后 1 位。

5. 含 CO_2 的果酒需先去除 CO_2 再测定

起泡酒及含有 CO_2 的酒需先除掉 CO_2，吸取约 60mL 样品于 100mL 烧杯中，将烧杯置于（40±0.1）℃振荡水浴中恒温 30min，取出，冷却至室温。

6. 精密度

在重复性条件下获得的两次独立测定结果的绝对差值不得超过算术平均值的 3%。

九、澄清处理

在酒液中加入明胶、皂土或 0.03%（质量分数）的果胶酶进行澄清处理，时间一般 10d 左右，用硅藻土过滤机过滤澄清。

十、冷冻

将澄清好的酒液抽入冷冻罐，循环冷冻至-4℃以下，保持 4~5d，分离，将上清液趁冷过滤。

十一、检测

按照例 8-1 的方法测定总糖的含量，参照例 9-1 测定总酸含量，例 9-2 测定挥发酸含量，其他指标参照 GB 15038—2016 的方法进行检测。

例 9-2　水蒸气蒸馏法测定果酒中的挥发酸

1. 原理

以水蒸气蒸馏的方式将样品中低沸点的酸类蒸出，将收集到的蒸馏液去除非挥发酸的干扰，然后用碱标准溶液滴定，以消耗的碱标准溶液的量计算出挥发酸的含量。

2. 试剂与溶液

（1）氢氧化钠标准滴定溶液 [$c(NaOH) = 0.05mol/L$]（GB/T 601—2016）（配制与标定同例 9-1 的方法）。

（2）酚酞试剂 10g/L（配制方法同例 9-1 的方法）。

（3）酒石酸溶液（200g/L）：称取 20g 酒石酸，溶解至 100mL。

3. 仪器与设备

蒸馏装置是挥发酸测定准确与否的关键，它既要保证待测样品中所有的挥发酸被蒸出，又要保证待测液中其他的固定酸不被蒸出。目前常用的蒸馏装置有两种：一种称为单沸式，另一种称为双沸式。单沸式蒸馏装置需要单独定做，仪器来源比较困难，但它有较好的准确性，双沸式蒸馏装置可以自己动手制作安装，较容易获得，但掌握不好容易造成结果偏低。

OIV（2019 年版本）的分析方法对蒸馏装置的形状未加限制，但要符合下述三个条件。

（1）以 20mL 蒸馏水为样品进行蒸馏，收集 100mL 馏出液，加 2 滴酚酞指

示剂，加 0.1mol/L 的氢氧化钠溶液 1 滴，粉红色应在 10 s 内不变，以保证蒸馏出的水应不含二氧化碳。

（2）以 20mL 0.1mol/L 乙酸为样品进行蒸馏，收集 100mL 馏出液，用 0.1mol/L 的氢氧化钠标准溶液进行滴定，计算乙酸含量，其回收率应大于或等于 99.5%。以保证挥发酸能够被完全蒸出。

（3）以 20mL 0.1mol/L 乳酸为样品进行蒸馏，收集 100mL 馏出液，用 0.1mol/L 的氢氧化钠标准溶液进行滴定，计算乳酸含量，其回收率应小于或等于 0.5%，以保证固定酸不被蒸出。

无论选用什么样的蒸馏装置，都应进行上述 3 个实验，达到要求的可以使用，否则，应重新选择其他的蒸馏装置，单沸式蒸馏装置如图 9-3 所示。

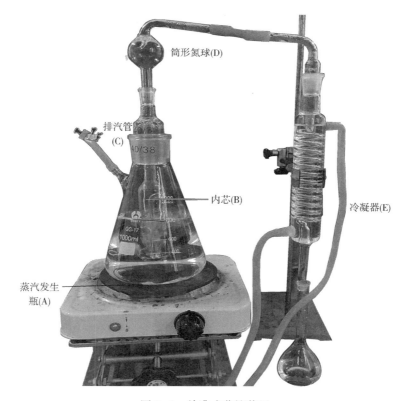

筒形氮球(D)

排汽管
(C)

内芯(B)

冷凝器(E)

蒸汽发生
瓶(A)

图 9-3 单沸式蒸馏装置

其他玻璃仪器：200mL 三角瓶；25mL 碱式滴定管；电炉；移液器。

4. 分析步骤

（1）安装水蒸气蒸馏装置 按图 9-3 安装水蒸气蒸馏装置。在蒸汽发生瓶（A）中装入中性蒸馏水，其液面应低于内芯（B）进气口 3cm，而高于（B）

中的样品液面。吸取 20℃样品 10.00mL（V）于预先加有 1mL 蒸馏水的内芯（B）中，再加入 10mL 20g/100mL 酒石酸溶液。把 B 插入 A 内，装上筒形氮球（D），连接冷凝器（E）。将 250mL 三角瓶（100mL 处刻有标记）置于 E 下口，接收馏出液。

（2）蒸馏

安妥蒸馏装置后，便可进行蒸馏。先打开 A 的 C；把水加热至沸，2min 后夹紧 C，使蒸汽进入 B 中进行蒸馏；待馏出液达到容量瓶 100mL 标记处，先放松 C，再关闭电炉停止蒸馏（要防止 A 形成真空，将 B 样品吸入 A 内），取下容量瓶，用于样品的测定。

（3）滴定　将馏出物加热至沸腾（以去除 CO_2，但沸腾时间不得超出 30s）。加入 2 滴酚酞指示剂，用氢氧化钠标准溶液滴定至粉红色，30s 内不变色即为终点。记下消耗的氢氧化钠标准溶液的体积（V_1）。

（4）计算　样品中实测挥发酸的含量按下式计算。

$$x = \frac{c \times V_1 \times 60.0}{V}$$

式中　x——样品中实测挥发酸的含量（以乙酸计），g/L

　　　　c——NaOH 标准滴定溶液的浓度，mol/L

　　　　V_1——消耗 NaOH 标准滴定溶液的体积，mL

　　　　V——吸取样品的体积，mL

　　60.0——乙酸摩尔质量的数值，g/mol

若挥发酸含量接近或超过理化指标时，则需进行修正。修正时，按下式换算。

$$H = x - (U \times 1.875 - J \times 0.9375)$$

式中　H——样品中真实挥发酸含量（以乙酸计），g/L

　　　　x——样品中实测挥发酸含量（以乙酸计），g/L

　　　　U——游离二氧化硫含量，g/L

　　　　J——结合二氧化硫含量，g/L

　　1.875——游离二氧化硫换算为乙酸的系数

　0.9375——结合二氧化硫换算为乙酸的系数

所得结果应表示至小数点后一位。平行试验测定结果绝对值之差不得超过算术平均值的 5%。

第三节　酿造过程中存在的问题

一、氧化褐变

因梨中含有大量的单宁物质，单宁中的儿茶酚在多酚氧化酶或酪氨酸酶的作用下，与空气中的氧气进行作用，聚合形成黑色物质。防止氧化褐变的方法包括：采用添加澄清剂或食用果胶甲基化的方法降低单宁和果胶的含量或采用0.1%食盐水浸渍或加入抗氧化剂（3g/L 的维生素 C，终浓度，余同）或采用高温灭菌法抑制酶的活性。

二、风味不足

酒体的风味比较淡，可在调配时加入食用果味香精等方法加以改善。

第四节　建议质量标准

一、感官指标

感官指标如表9-4 所示。

表 9-4		感官指标
外观	色泽	鲜艳的淡黄色或金黄色
	清/浑	澄清透明，有光泽，无沉淀物
香气	滋味	具有浓郁的梨果香和酒香，果香与酒香协调
	风格	酒质柔顺、酸甜适中、清新爽口，具有梨酒的风格

二、理化指标

理化指标如表9-5 所示。

表 9-5	理化指标			
项目	指标		项目	指标
酒精度/(20℃,%vol)	10~18		挥发酸/(以乙酸计，g/L)	≤1.1
总糖/(以葡萄糖计，g/L)	≤50		总二氧化硫/(mg/L)	<250
总酸/(以酒石酸计，g/L)	6±1		干浸出物/(g/L)	≥12

三、卫生指标

符合《食品安全国家标准　发酵酒及其配制酒》（GB 2758—2012）的相关规定。

第十章　水晶葡萄果酒的酿造

水晶葡萄原产美洲，又称为尼亚加拉葡萄（Niagara Grape），由康科德（Concord）和卡萨迪（Cassady）杂交而成。接近成熟时，果实饱满而富有弹性，透过阳光，呈现明显的黄澄澄、金灿灿的色彩（图10-1）。

图 10-1　水晶葡萄

果肉占果穗总质量的 80%～85%，含糖、酸、氨基酸及其他营养物质。果肉中各种成分含量如表 10-1 所示。

表 10-1	葡萄汁中所含的营养成分		单位：g/100g
营养成分	含量	营养成分	含量
水	70～80	糖（葡萄糖、果糖）	10～25
游离有机酸（酒石酸、苹果酸）	0.2～0.5	结合态有机酸（酒石酸氢钾）	0.3～1
矿物质	0.2～0.3	氮化物和果胶物质	0.05～0.1

张晓利等利用高效液相色谱技术对国家果树种质郑州葡萄圃保存的 302 份葡萄种质果实的有机酸组分及含量特性进行了分析，结果发现，302 份葡萄种质的有机酸组分均以酒石酸为主，占有机酸含量的 54.87%～69.78%；其次为苹果酸，含量占 19.83%～34.68%；柠檬酸含量占 4.87%～13.01%；草酸含量最低，仅占 0%～6.69%。因此，葡萄属于酒石酸优势型水果（张晓利等，2021）。葡

萄果实中主要的糖类有葡萄糖、果糖和蔗糖。葡萄糖与果糖在果实膨大期迅速积累，并在果实成熟至采收期稳定存在。蔗糖作为果实糖分运输的主要形式，在果实发育前期存在，随着果实的生长，蔗糖逐步发生水解，形成葡萄糖和果糖，所以在成熟的葡萄果实中蔗糖含量极微（周敏等，2020），葡萄果实中的可溶性糖主要是果糖和葡萄糖，果糖含量变化在41.22~119.00mg/g鲜重，葡萄糖含量变化为45.05~178.11mg/g鲜重（王晶晶，2020）。一般而言，干白葡萄酒的酿造需要葡萄的糖浓度为160~180g/L，干红葡萄酒的葡萄的糖浓度为180~200g/L，甜酒的葡萄的糖浓度为200~220g/L。

有研究表明河北省昌黎县6个葡萄品种的葡萄果实中主要氨基酸组分为谷氨酸、精氨酸、脯氨酸和天冬氨酸，葡萄果实中氨基酸总量为197.17~368.33mg/100g，必需氨基酸含量为41.88~84.36mg/100g，占总氨基酸含量的17.88%~25.33%，必需氨基酸和非必需氨基酸在品种间差异显著；6个品种所含有的19种氨基酸中含量最高的是谷氨酸，其中"巨峰"葡萄谷氨酸的含量为106.96mg/100g，而胱氨酸、甲硫氨酸和酪氨酸含量很少（徐雯等，2020）。葡萄的营养成分丰富，且经过长时间筛选下来是目前研究最系统、工艺最成熟、品质最稳定的一种果酒。

因水晶葡萄比较适合酿造白葡萄酒，因此本章内容重点探讨白葡萄酒的酿造工艺及关键点。

第一节　工艺流程

工艺流程见图10-2。

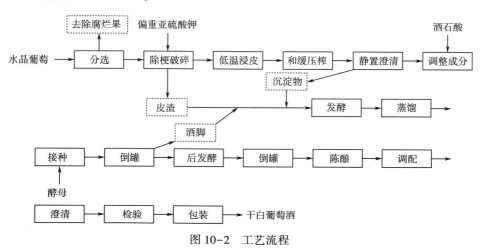

图10-2　工艺流程

第二节 工艺关键点说明

一、原料的分选

分选就是为了将不同品种、不同质量的葡萄分别存放。葡萄的分选工作最好在田间采收时进行，即采收时就分品种、分质量存放。分选时应采用疏果剪剪下坏枝，而不能用手直接摘下不合格的葡萄，以免手上沾上劣质葡萄汁，污染合格葡萄。分选后的葡萄应立即破碎，否则葡萄质量会变差。每日分选工作结束后，应彻底清扫分选场地，隔3天熏一次硫黄烟杀菌。

二、除梗破碎

破碎的目的是使葡萄破碎而释放果汁并去除梗。利用除梗破碎机对葡萄进行破碎，破碎应破坏葡萄皮、果肉和籽的结合，每粒葡萄都要破碎，但是籽不能压破、梗不能压碎、皮不能压扁，破碎过程中葡萄汁不能与铁、铜等金属材料接触，破碎设备最好选用柞木、硅铝或不锈钢材料制作。白葡萄酒生产中，葡萄破碎后果肉应立即与皮渣分离，以免色素、单宁等物质溶入。破碎压榨时可按80mg/L的量添加SO_2抑制杂菌。

三、低温浸皮

低温浸皮有助于将葡萄中的香气更好地富集。浸提罐的控温性能要精确、灵敏、自动化，浸提温度3~5℃，时间24~48h为宜。

四、和缓压榨

浸皮工序结束之后，马上进行压榨。可选用气囊压榨机或螺旋压榨机等设备对葡萄进行和缓压榨。

五、静置澄清

经压榨获得原葡萄汁。新鲜的葡萄汁中有一定的果胶质，可在该果汁中添加一定量的果胶酶改善澄清效果，果胶酶的用量应根据葡萄汁的浑浊程度来确定，一般为 0.1~0.15g/L。果胶酶加入前，必须先在少量葡萄汁中溶解，然后加入并搅拌均匀。为加强澄清效果，还可以加入 0.05%~0.1% 的皂土，搅拌后静置澄清，缩短澄清时间，提高澄清效果。澄清时温度控制在 10~12℃，可加速澄清。

六、调整成分

主要对葡萄汁中糖和酸的含量进行调整。一般而言，干白葡萄酒需要葡萄的糖浓度为 160~180g/L，如果糖浓度不够则需要添加蔗糖或果葡糖浆或浓缩葡萄汁进行调整。参照例 4-2 测定水晶葡萄汁的白利度，并参考例 3-2 计算出所需的糖含量。

在干白葡萄酒酿造过程中，对葡萄的酸度要求较高。酸度不达标时，常加入酒石酸或柠檬酸进行调节。按例 3-3 测定果汁的 pH，并按照例 5-1 计算出所需的酸用量。白葡萄汁中加入酒石酸可增加酸度又能使酒体丰满；柠檬酸主要用于陈酿后成品干白葡萄酒的调整，柠檬酸可与酒中的铁离子生成可溶性的柠檬酸铁，避免了磷酸铁白色沉淀的生成，但不可在发酵过程中添加柠檬酸，因柠檬酸会被细菌分解，增加酒体的挥发酸甚至超标。

七、接种发酵

在酶解后和成分调整好的水晶葡萄汁中，接入活性干酵母。活性干酵母的接入量以生产实践条件为准，也可接入参考量 0.3g/L（终浓度），酵母的活化参考例 2-5，待果汁在常温下明显启动发酵后，将发酵温度控制在 12~15℃，使发酵缓慢平稳地进行，以保持酒体的果香，使酒体更加细腻、协调。主发酵过程中，每天需要搅拌通氧或打循环并利用液体比重计监测相对密度（例 3-4），待发酵液中的残糖含量小于 2g/L 时，主发酵结束，将温度降至 8~10℃，使酵母及其悬浮物快速沉降，静置 5d 后倒罐分离，在原酒中添加总 SO_2 至终浓度为 50mg/L，抑制发酵。

八、后发酵

酒液装入量为容器体积的 95%，接种菌的终浓度为 $10^6 ~ 10^7$ CFU/mL，苹果酸-乳酸发酵的最佳 pH 为 3.0~3.2，温度控制在 18~20℃，安装发酵栓密封。每天观察，做好记录。当液面达到瓶颈后（20~30d）结束发酵，经硅藻土过滤，同时调整 SO_2 含量，并用同品种同批次的酒添满酒罐，密封容器口进行陈酿。

九、陈酿

白葡萄酒的陈酿时间较短，约 1 年左右，但有些品种除外，如霞多丽、琼瑶浆等，一般在 2 年以上。可选用水泥池、不锈钢罐和橡木桶等进行陈酿。水泥池的优点在于成本低、节省空间，缺点是不易清洗、内涂层易坏等；不锈钢的优点是操作方便、易清洗，缺点是成本高、保温性差，须有恒温措施；橡木桶的优点在于有利于酒体风味的改善和提高，缺点是成本高、寿命短、不易管理。陈酿温度一般要求恒定，约在 18℃。陈酿期间应保持满容器贮存，环境要保持通风，稳定性试验见例 10-1。

例 10-1　葡萄酒的稳定性试验

1. 氧化试验及氧化破败鉴别

氧化试验即将葡萄酒在空气中暴露一段时间。具体做法是：取半杯葡萄酒在空气中放置 12~24h，观察葡萄酒是否对氧稳定。在进行所有能引起葡萄酒通风的处理之前都必须做氧化试验。如果葡萄酒香气变淡，出现过氧化味，则其游离 SO_2 浓度过低。如果出现浑浊，颜色发生变化（如变黄、发褐），口感改变，则为氧化破败。这是一种严重变质，可在葡萄酒中加入 50mg/L 的 SO_2（终浓度，余同）防止。

2. 铁稳定性试验及铁破败鉴别

（1）铁稳定性试验　先将澄清的酒进行氧化试验5d，然后在1L葡萄酒中加入 5mL H_2O_2（10%），然后置于低温下以促进沉淀。通过该试验，如果葡萄酒仍保持澄清、无沉淀，则在装瓶后不会出现铁破败和氧化破败。

（2）铁破败鉴定　在 10mL 浑浊葡萄酒中加入少许连二亚硫酸钠后，浑浊消失，则为铁破败。在进行以上试验时，应设非处理对照。

①白葡萄酒铁破败鉴别：如果澄清白葡萄酒在装瓶后的几天内变浑浊（变为乳白色甚至出现灰白色沉淀），且在加入少量连二亚硫酸钠后重新变为澄清状，则为铁破败。如果没有连二亚硫酸钠，则可将变浑的酒样静置澄清，然后取 10mL，该葡萄酒最为浑浊的部分装入试管并加入 2mL，用 37% HCl 将沉淀溶解后，再加入 5mL 5%硫代氰酸钾。如果溶液变为深红，则为铁破败。

②红葡萄酒铁破败鉴别：在红葡萄酒中，铁破败可以两种方式表现出来，如下所示。

a. 蓝色破败：葡萄酒变为蓝铅灰色，且有蓝黑色沉淀。

b. 白色破败：在红葡萄酒中，沉淀物能染上色素的颜色。可以将沉淀物取出，然后用 2mL 37% HCl 溶解后，加入 5mL 5%硫代氰酸钾，加入 5mL 乙

醚，混匀后葡萄如果分上下两层，上层为深红层，下层为葡萄酒本色，则为铁破败。

3. 铁破败的避免

在白葡萄酒和桃红葡萄酒装瓶时，如果以上试验证明可能出现铁破败，且葡萄酒可以承受轻微的增酸。在多数情况下，添加柠檬酸（或结合添加维生素C）可以避免铁破败。

采用以下方法可确定必需的柠檬酸用量：制备100g/L柠檬酸溶液，取3瓶（编号1、2、3）各1L待处理葡萄酒，在每瓶葡萄酒中加入0.6mL 8%亚硫酸（即50mg/L SO_2）后，再在1、2、3号瓶中分别加入3mL、4mL、5mL 100g/L柠檬酸溶液，摇匀后做氧化试验5d。

如果处理后的葡萄酒仍保持澄清，则表明柠檬酸处理有效。应选择能保持澄清的最小使用量，对葡萄酒进行处理。相反，如果葡萄酒变浑，则应采取其他处理（如亚铁氰化钾）以降低葡萄的含铁量。

4. 铜稳定性试验及铜破败鉴别

铜破败为还原性破坏，常出现于白葡萄酒和桃红葡萄酒中。对于铜含量高于1mg/L的葡萄酒，应采用除铜处理。如果铜含量为0.5~1.0mg/L，则先进行铜稳定性试验，再根据试验结果决定处理方法。

（1）铜稳定性试验 取一瓶（透明瓶）澄清葡萄酒，加入0.5mL 8%亚硫酸后封盖，水平置于非直接阳光下7d。如果葡萄酒变浑浊，且在通气后重新变清，则为铜破败。在这种情况下，应对葡萄酒进行膨润土下胶处理，然后再取澄清葡萄酒重复上述试验。

（2）铜破败的鉴别 在装瓶后几周，特别是在夏天，一些瓶内可能出现褐色浑浊。有时只有最先装瓶的才出现这种变化，这就应检查灌装或阀门是否会释出铜。有两种方法鉴别铜破败：浑浊葡萄酒在空气中氧化24~48h后重新变清；取10mL浑浊葡萄酒于试管中，加入2mL 37% HCl，少许氯化铵和乙酸钠，加5mL 2,2′-联喹啉后变为玫瑰色。试验同时设立对照。

5. 色素稳定性试验和色素沉淀

冷冻可使酒石酸氢钾和红葡萄酒中的色素胶体沉淀。取一瓶葡萄酒在0℃下保持12h以上。如果出现红色沉淀，则色素不稳定。在这种情况下膨润土处理可避免在装瓶后出现色素沉淀。冷冻处理具有同样的效果，但是，红葡萄酒的色素稳定性是暂时的，在陈酿过程中可能出现新的色素沉淀。

6. 酒石稳定性试验和酒石沉淀

（1）酒石稳定性试验 在-4℃条件下保持8d（白葡萄酒）或15d（红葡萄酒），如果出现酒石，则不稳定。如果在葡萄酒中添加1%食用酒精（每升葡萄酒中加11mL 90%食用酒精）和少量酒石酸氢钾结晶，则酒石稳定性试验的时间可分别缩短为 3d（白葡萄酒）和 5d（红葡萄酒）。但即使酒石稳定性试验结果良好，也不能保证在瓶内不出现沉淀，因为中性酒石酸钙也可能结晶沉淀，但结晶时间长，且受温度变化的影响小。

冷冻处理（-5℃条件下处理数天）可排除瓶内酒石酸氢钾结晶沉淀的危险，但不能完全保证中性酒石酸钙的稳定性，对于含钙量高（如用 $CaCO_3$ 降酸）的葡萄酒更是如此。在装瓶时添加偏酒石酸和阿拉伯树胶可保证装瓶后即时消费的葡萄酒的酒石稳定性。

（2）酒石鉴别　如将酒瓶倒转，酒石结晶下降速度很快，多数情况下，酒石是在低温期后结晶出的酒石酸氢钾结晶，具酸味；用开水溶解，冷却后加入几滴溴麝香草酚蓝后变为黄色。而在含钙量高的葡萄酒中，即使在夏天，也可能出现中性酒石酸钙沉淀。中性酒石酸钙不溶于开水，其鉴别方法为：将结晶物装入试管中，加入几滴 37% HCl 使之溶解，加入少量草酸铵和几滴氨水后，溶液中出现奶白状沉淀。

7. 蛋白质稳定性试验及蛋白破败鉴别

（1）蛋白质稳定性试验　蛋白质稳定性试验可用两种方法分别进行，如下所示。

①单宁法：取一试管澄清的葡萄酒，加入几滴 10% 单宁溶液。如果蛋白质过多，则会立即出现浑浊。

②单宁-加热法：取一个 200mL 烧杯，装满澄清葡萄酒，加入 2mL 10% 单宁溶液，在 80℃ 水浴中加热 20min，冷却后，如果葡萄酒出现絮凝沉淀，则表明它具有易引起瓶内蛋白破败的过量蛋白质。

（2）蛋白破败鉴别　白葡萄酒和桃红葡萄酒中，有时含有过量蛋白质，它们可与木塞释出的微量单宁结合成白色絮状物；或在变温条件下絮凝，使酒变浑浊。在浑浊葡萄酒中加入几滴 HCl，浑浊加重；相反，在 80℃ 条件下，沉淀物被溶解。试验时应设对照。

在发生蛋白破败情况下，可用 200~800mg/L 的膨润土处理，以除去过量蛋白质。下胶试验可确定最佳膨润土使用量。下胶后，取澄清葡萄酒做蛋白质稳定试验，可检查下胶效果，然后选择能保持蛋白质稳定的最低膨润土使用量进行正式处理。

十、调配

按照质量标准和酒体特色进行调配。

十一、检测

按照例 8-1 的方法测定总糖的含量，参照例 9-1 测定总酸含量，例 9-2 测定挥发酸含量，其他指标参照 GB/T 15038—2006 的方法进行检测。

第三节　质量标准（GB/T 15037—2006）

一、感官指标

感官指标如表 10-2 所示。

表 10-2		感官指标
外观	色泽	近似无色、微黄淡绿、浅黄、禾秆黄、金黄色
	清/浑	澄清透明，有光泽，无明显悬浮物（使用软木塞封口的酒允许有少量软木渣，封瓶超过 1 年的葡萄酒允许有少量沉淀）
香气	滋味	具有醇正、优雅、怡悦、和谐的果香与酒香，陈酿型的葡萄酒还应具有陈酿香或橡木香
	典型性	具有标示的葡萄品种及产品类型应有的特征和风格

二、理化指标

理化指标如表 10-3 所示。

表 10-3	理化指标
项目	指标
酒精度/（20℃，%vol）	≥7.0
总糖/（以葡萄糖计，g/L）	≤4.0
挥发酸/（以乙酸计，g/L）	≤1.2

续表

项目	指标
干浸出物/（g/L）	≥16.0
铁/（mg/L）	≤8.0
铜/（mg/L）	≤1.0
苯甲酸或苯甲酸钠/（以苯甲酸计，mg/L）	≤50
山梨酸或山梨酸钠/（以山梨酸计，mg/L）	≤200
甲醇/（mg/L）	≤250

注：总酸不作要求，以实测值表示（以酒石酸计，g/L）；酒精度标示值与实测值不得超过±1.0%（体积分数）；当总糖与总酸的差值≤2.0g/L时，含糖最高为9.0g/L。

三、卫生指标

符合《食品安全国家标准　发酵酒及其配制酒》（GB 2758—2012）的相关规定。

第十一章　沙子空心李果酒的酿造

沙子空心李（图 11-1）是产于贵州省沿河土家族自治县的知名水果。果实成熟后肉核分离，酸甜可口，清爽怡人，至今已有百余年发展历史，于 2006 年获得国家地理标志产品保护。

图 11-1　沙子空心李

　　沙子空心李的营养成分丰富，含糖、蛋白质、脂类、多种氨基酸与维生素、膳食纤维及包括硒在内的多种矿物质元素等。果肉中各种成分含量如表 11-1 所示（李刚凤等，2020；张绍阳等，2020）。但因当前对沙子空心李的系统研究文献较少，特别是当前未明确沙子空心李的优势糖和优势酸组分。但是有研究表明沙子空心李的糖酸比为 21.5（张绍阳等，2020），按照葡萄酒的逻辑，沙子空心李是非常适合酿造果酒的。

　　本章以沙子空心李为例，介绍沙子空心李发酵酒的酿造工艺及关键控制点。

表 11-1　　　　　　　　　　沙子空心李中所含的营养成分　　　　　　　单位：g/100g

营养成分	含量	营养成分	含量
天冬氨酸	1.170~1.860	谷氨酸	0.530~0.670
丝氨酸	0.010~0.120	组氨酸	0.030~0.098
甘氨酸	0.087~0.120	苏氨酸	0.062~0.088

续表

营养成分	含量	营养成分	含量
精氨酸	0.064~0.098	丙氨酸	0.190~0.280
酪氨酸	0.033~0.170	胱氨酸	0.006~0.120
缬氨酸	0.035~0.170	苯丙氨酸	0.080~0.260
异亮氨酸	0.082~0.110	赖氨酸	0.077~0.930
亮氨酸	0.120~0.180	脯氨酸	0.200~0.370
甲硫氨酸	0.004~0.051	维生素 C/mg	1.150~1.750
总酚/mg	0.530~0.800	黄酮	0.620~1.030
可溶性蛋白	0.66~0.84	可溶性固形物	12.49~14.54
可溶性糖	6.15~10.98	可滴定酸	0.206~0.390
脂肪	0.2	单不饱和脂肪酸	0
多不饱和脂肪酸	0.2	碳水化合物	40.8
糖	8.6	膳食纤维	0.9
维生素 D/(μg/100g)	0.6	维生素 E/(mg/100g)	0.23
烟酸/(mg/100g)	2.27	钾/(mg/100g)	176
钙/(mg/100g)	5.53	铁/(mg/100g)	0.159
锌/(mg/100g)	0.07		

第一节　工艺流程

工艺流程见图 11-2。

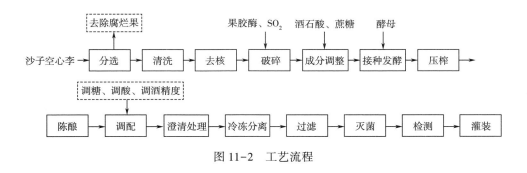

图 11-2　工艺流程

第二节　工艺关键点说明

一、原料的分选、清洗和去核

根据例 2-1 估算好沙子空心李的用量。沙子空心李要求无腐烂变质、无变软、无病虫害，除梗后先用清水冲洗，然后用 100mg/L 的 SO_2 水溶液喷洒清洗后晾干，人工去核。

二、破碎

此处选用螺旋压榨机进行破碎，将沙子空心李破碎成细块状，不建议打浆，因为打浆后的沙子空心李果酒后期澄清比较困难，需多次下胶，对酒体产生不良影响。破碎后加入 SO_2 及果胶酶，使体系终浓度为 50mg/L 的 SO_2 和 30mg/L 的果胶酶，于室温下作用至少 12h。

三、成分调整

破碎时，利用螺杆泵将果汁泵入发酵罐。由于气候条件、成熟度、生产工艺等因素的影响，在果酒酿造过程中，其中成分难免会出现达不到工艺要求的情况。为了使酿造的果酒达到一定的酒精度，保证质量，需要对沙子空心李果汁的糖和酸的含量进行调整。如果白利度不够则需要添加蔗糖或果葡糖浆或浓缩葡萄汁进行调整。参照例 4-2 测定沙子空心李果汁的白利度，并参考例 3-2 计算出所需的糖含量，分批次加入。酸度不达标时，参照例 3-3 测定果汁的 pH，并按照例 5-1 计算出所需的酸用量，并溶解后加入果汁中，搅拌均匀。

四、接种发酵

在酶解后和成分调整好的沙子空心李果汁中，接入活性干酵母。活性干酵母的接入量以生产实践条件为准，也可接入参考量 0.3g/L（终浓度），酵母的活化参考例 2-5，待果汁在常温下明显启动发酵后，将发酵温度控制在 18~20℃，使发酵缓慢平稳地进行，以保持酒体的果香，使酒体更加细腻、协调。主发酵过程中，每天需要搅拌通氧或打循环（例 11-1）并利用液体比重计监测相对密度（例3-4），待发酵液中的残糖含量小于 4g/L 时，主发酵结束，压榨分离，并加入 SO_2 使体系终浓度为 50mg/L 的 SO_2，抑制发酵。

例 11-1　通氧或打循环的原理

1. 通氧

酵母是兼性厌氧微生物，繁殖过程需要氧，而在发酵工作过程中却不需要氧。在完全无氧条件下，酵母只能繁殖几代，然后就停止。这时只要给予少量的氧气，酵母又能出芽生殖。但如果缺氧时间过长，多数酵母细胞就会死亡。因此小罐酿造果酒时需要搅拌通氧，大罐（吨级）酿造时需要通过打循环或通压缩空气的方式给酵母提供氧气，以维持酵母的正常生长。

通氧除了能维持酵母的正常生长状态外，还有利于中间产物的生成。通氧后酵母细胞数增加，平均细胞活力增强。有利于乙醛的生成，乙醛对花色苷与单宁聚合物的早期聚合有利，因而有利于颜色的稳定，同时通氧有利于高级醇的合成。发酵后，限制通氧（40mg/L）有利于红葡萄酒的成熟。发酵停滞的果酒通氧可使发酵能力恢复。

但在有些情况下是要对氧进行限制性控制的。大多数白葡萄酒与浅色果酒在发酵后应避免与氧接触。发酵白葡萄酒或果香突出的果酒时应尽量避免接触过多的氧。果酒在储存中也应避免与氧气接触。

2. 打循环

打循环是指把发酵液从发酵罐底部泵至发酵罐上部，喷淋酒帽，在有些书籍中也称为倒罐，是通氧的一种方式。但在此书中，倒罐仅指将酒液从一个罐体倒出移至另一罐中。打循环的另一原因是，在浸渍发酵过程中，与皮渣接触的液体部分很快被浸出物的单宁、色素所饱和，如果不破坏这层饱和液，皮渣与果汁之间的物质交换速度就会很快减慢。而打循环可以打破该饱和层，达到加强浸渍和防止皮渣干裂的作用。每天打循环一般为 1~2 次。

五、压榨

利用螺旋压榨机对达到终止条件的发酵液进行压榨，获得发酵原酒，并利用离心泵将原酒导入储罐进行陈酿，将陈酿温度控制在 10℃ 左右。陈酿约 1 个月后倒罐 1 次，并进行澄清处理。

六、调配

按照质量标准和酒体特色对酒精度、酸度和白利度进行调配。

七、澄清处理

一般而言，非打浆发酵的沙子空心李果酒后期澄清都比较容易，如果存在困难，可进行下胶，但下胶时一定要注意下胶过量的问题，下胶过量后酒体有苦味，具体可参照例3-5。选择合适的下胶试剂和下胶量。经倒罐后，酒体的澄清度得到进一步的改善。

八、冷冻处理

冷冻处理一般在冷冻罐里将温度调至-6～-5℃，5d即可倒罐，获得在冷条件下较为稳定的果酒，同时能除掉部分结晶酸。

九、灭菌

沙子空心李果酒不适合高温灭菌，因此可选用过滤灭菌。

十、检测

按照例8-1的方法测定总糖的含量，参照例9-1测定总酸含量，例9-2测定挥发酸含量，游离SO_2和总SO_2的测定方法见表11-2。其他指标参照GB/T 15038—2006的方法进行检测。

例11-2 游离SO_2和总SO_2的测定方法

1. 原理

（1）游离SO_2 在低温条件下，试样用磷酸酸化，游离的SO_2与过量的过氧化氢起反应，生成硫酸，用碱标准溶液滴定生成的硫酸，由此得到样品中游离SO_2的含量。

（2）总SO_2 除去游离SO_2的样品，在加热条件下样品中的结合SO_2被释放，用过氧化氢将其氧化为硫酸，用氢氧化钠滴定生成硫酸，得到样品中结合的SO_2，将该值与游离SO_2值相加，即得出样品中总SO_2的含量。反应方程式如下所示。

$$SO_2 + H_2O_2 \Longrightarrow H_2SO_4$$

$$H_2SO_4 + 2NaOH \Longrightarrow Na_2SO_4 + 2H_2O$$

游离SO_2在溶液中存在着下列平衡：

$$SO_2\ 气体 \longrightarrow SO_2+H_2O \longrightarrow H_2SO_3 \longrightarrow H^++HSO_3^- \longrightarrow 2H^++SO_3^{2-}$$

$$R'\!-\!\underset{\underset{SO_3H}{|}}{\overset{\overset{R}{|}}{C}}\!-\!OH \rightleftharpoons R'\!-\!\underset{}{\overset{\overset{R}{|}}{C}}\!=\!O + H_2SO_3$$

加热会使平衡向右移动，有利于结合的 SO_2 转变为游离 SO_2。该实验的滴定终点由甲基红和次甲基蓝混合指示剂确定，颜色由红紫色变为绿色。

2. 试剂与溶液

（1）过氧化氢溶液（0.3%）　吸取 1mL 30% 的过氧化氢，用水稀释至 100mL。

（2）磷酸溶液（25%）　量取 295mL 85% 的磷酸，用水稀释至 1000mL。

（3）氢氧化钠标准溶液（0.01mol/L）　准确吸取 0.05mol/L 氢氧化钠标准溶液 100mL 或 0.1mol/L 氢氧化钠标准溶液 50mL，以无 CO_2 的蒸馏水定容至 500mL，存放于橡胶塞上装有钠石灰管的瓶中。

（4）甲基红–次甲基蓝混合指示剂　取 1g/L 次甲基蓝乙醇溶液与 1g/L 甲基红乙醇溶液，按 1:2（体积比）混合。

（5）酒石酸（200g/L）　称取 20g 酒石酸溶于 100mL 水中。

3. SO_2 测定装置

SO_2 测定装置见图 11-3。

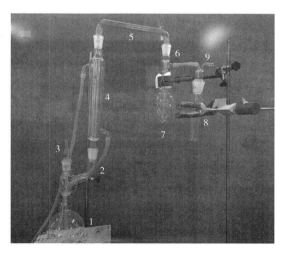

图 11-3　SO_2 测定装置

1—短颈球瓶　2—三通连接管　3—通气管　4—直管冷凝器　5—弯管
6—真空蒸馏接收管　7—梨形瓶　8—气体洗涤器　9—直角弯管（接真空泵或气管）

4. 实验步骤与计算

(1) 游离 SO_2 按要求将 SO_2 测定装置连接妥当，在 4 上连接冷却水，在 9 上连接真空泵，取下 7 和 8，分别加入 20mL 和 5mL 过氧化氢溶液，各加 3 滴混合指示剂，溶液变为紫色，然后滴加氢氧化钠标准溶液，使颜色恰好变为绿色，重新安装妥当。将 1 浸入冰浴中，从 3 上加入 20.00mL 样品至 1 中，随后再加入 10mL 磷酸溶液，开启真空泵，抽气 10min，控制抽气量为每分钟 1000~1500mL，取下 7，用氢氧化钠标准溶液滴定至重现绿色为终点，记下消耗的氢氧化钠标准溶液的毫升数，如果 8 中溶液的颜色也变为紫色，就需要用氢氧化钠标准溶液滴定至绿色，并将消耗的氢氧化钠的体积与梨形瓶中消耗氢氧化钠标准溶液的体积相加，作为样品测定时消耗氢氧化钠的体积（V）。

以纯水代替样品做空白试验，操作同上，记录空白试验消耗氢氧化钠标准溶液的体积（V_0），计算式如下所示。

$$x = \frac{c \times (V - V_0) \times 32}{20} \times 1000$$

式中 x——样品中游离二氧化硫的含量，mg/L

c——氢氧化钠标准溶液的物质的量浓度，mol/L

V——测定样品时消耗的氢氧化钠的标准溶液的体积，mL

V_0——空白试样消耗的氢氧化钠标准溶液的体积，mL

32——与 1.00mL 氢氧化钠标准溶液 $[c(NaOH) = 1.00mol/L]$ 相当的以毫克表示的 SO_2 的质量

1000——将氢氧化钠的物质的量浓度（mol/L）中的升换算为毫升的换算系数

20——加入样品的体积，mL。

所得结果表示至整数，平行试验测定结果绝对值之差不得超过平均值的 10%。

(2) 总 SO_2 测定游离 SO_2 之后，将仪器重新安装妥当，拆除样品瓶下的冰浴，用温火小心加热样品瓶，使瓶内样品保持微沸。开启真空泵，以后操作同游离 SO_2。

计算：按上述公式计算出结合 SO_2 的含量，将游离 SO_2 与结合 SO_2 相加，即为总 SO_2。

5. 误差来源

(1) 温度的影响 从 SO_2 的游离、结合平衡看，温度对平衡的影响很大，为了准确测得游离 SO_2 和总 SO_2，必须准确控制温度。一般来说，测游离 SO_2 时，样品的温度应保持在 10℃ 以下，这样可以避免结合 SO_2 的逸出；测结合 SO_2 时，要求样品中结合的 SO_2 全部转化为游离 SO_2，这时将样品加热至沸，以保证结合 SO_2 的完全游离。

（2）挥发酸的影响　SO_2 测定结果是以酸碱滴定为基础的，因此，样品中的其他挥发性的酸性物质，主要是挥发酸，会给检测结果带来正误差，为避免这种干扰，样品测定装置应有足够的冷却能力，使抽出的挥发酸冷凝，返回样品瓶中，而不被抽到梨形瓶中参与酸碱滴定。

（3）抽气量的影响　SO_2 存在着气态和溶解态的平衡，外界压力的大小对平衡的影响很大，因此，抽气量的大小是影响该实验准确度的关键因素。由于目前的真空泵不能控制抽气量，所以使该试验方法的应用受到一定的限制，为了克服这一缺陷，可外加一个流量计，把抽气量控制在一个稳定的数值。

第三节　建议质量标准

一、感官指标

感官指标如表 11-2 所示。

表 11-2　　　　　　　　　　　　感官指标

外观	色泽	浅红色、澄清透明
	清/浑	有光泽、无明显悬浮物
香气	滋味	具有醇正、优雅、怡悦、和谐的果香与酒香
	典型性	有李子的特征香气

二、理化指标

理化指标如表 11-3 所示。

表 11-3　　　　　　　　　　　　理化指标

项目	指标
酒精度/（20℃，%vol）	≥8
总糖/（以葡萄糖计，g/L）	≤50
滴定酸/（以酒石酸计，g/L）	≥6.0

续表

项目	指标
挥发酸/（以醋酸计，g/L）	≤1.6
干浸出物/（g/L）	≥12.0
酒精度标签示值与实测值之差不应超过±1.0%vol	

三、卫生指标

符合《食品安全国家标准　发酵酒及其配制酒》（GB 2758—2012）的相关规定。

第十二章　无花果果酒的酿造

无花果（图12-1）是桑科、榕属的落叶灌木或小乔木。分布于地中海沿岸，从土耳其至阿富汗，中国唐代从波斯（现主要国家是伊朗）传入，至今有1300余年栽培历史，南北方均有栽培，新疆南部甚多。无花果对土壤条件要求极不严格，在典型的灰壤土、多石灰质的沙漠性砂质土、潮湿的亚热带酸性红壤以及冲积性黏壤土上都能比较正常地生长，不耐寒，冬季温度达−12℃时新梢顶端就开始受冻，喜光，有强大的根系，比较耐旱。

图12-1　无花果

无花果属浆果树种，可食率高达92%以上，果实皮薄无核，肉质松软，风味甘甜，具有较高的营养价值和药用价值。果实中富含糖、蛋白质、氨基酸、维生素、黄酮类和矿物质元素。成熟的无花果可溶性固形物含量高达24%，大多数品种的含糖量为15%~22%，无花果还含有功能性多糖，多糖主要由鼠李糖、阿拉伯糖、木糖、甘露糖、葡萄糖和半乳糖构成。无花果含有多种人体必需的氨基酸和矿物质元素，已知含有的18种氨基酸中就全部包含了人体的全部必需氨基酸（唐玲，2018）。

本章以波姬红无花果（以下简称"无花果"）为例，介绍无花果果酒发酵的酿造工艺及关键控制点。

第一节　工艺流程

工艺流程见图 12-2。

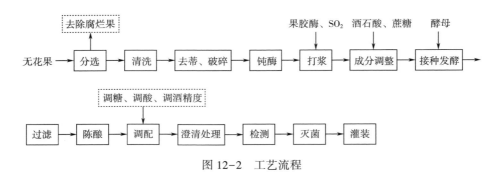

图 12-2　工艺流程

第二节　工艺关键点说明

一、原料的前处理

根据例 2-1 估算好无花果的用量。选用成熟度高、无腐烂变质的新鲜无花果为原料，清洗后，去蒂并用螺旋压榨机破碎，蒸熟 10min 后（钝化无花果中的酶）打浆，并在无花果原浆中加入 30%（体积分数）的蒸馏水，并使体系中 SO_2 终浓度为 50mg/L 和果胶酶终浓度为 3mg/L，搅拌均匀，于室温下作用约 12h。

二、成分调整

利用螺杆泵将无花果汁泵入发酵罐。如果白利度不够则需要添加蔗糖、果葡糖浆或无花果浓缩汁进行调整。参照例 4-2 测定无花果汁的白利度，并参考例 3-2 计算出所需的糖含量，分批次加入。酸度不达标时，参照例 3-3 测定果汁的 pH，并按照例 5-1 计算出所需的酸用量，并溶解后加入果汁中，搅拌均匀。

三、接种发酵

在酶解后和成分调整好的无花果汁中，接入活性干酵母。活性干酵母的接入量以生产实践条件为准，也可接入参考量 0.3g/L（终浓度），酵母的活化参考例 2-5，待果汁在常温下明显启动发酵后，将发酵温度控制在 25℃，使发酵缓慢平稳地进行，以保持酒体的果香，使酒体更加细腻、协调。主发酵过程中，每天需要搅拌通氧或打循环并利用液体比重计监测相对密度（例 3-4），待发酵液中的残糖含量小于 4g/L 时，主发酵结束，压榨分离，并使体系 SO_2 终浓度为 50mg/L，抑制发酵。

四、过滤

利用带有过滤网的气囊压榨机对达到发酵终点（例 3-4）的无花果发酵液进行压榨过滤，获得无花果发酵原酒。

五、陈酿

利用离心泵将原酒导入储罐进行陈酿，将陈酿温度控制在 10℃ 左右。陈酿约 1 个月后倒罐 1 次，去掉酒脚，并进行澄清处理。

六、调配

按照质量标准和酒体特色对酒精度、酸度和白利度进行调配。

七、澄清处理

打浆的无花果果酒后期澄清时需要考虑下胶，具体可参照例 3-5。选择合适的下胶试剂和下胶量。经倒罐后，酒体的澄清度得到进一步的改善。

八、冷冻处理

冷冻处理一般在冷冻罐里将温度调至 -6～-5℃，5d 即可倒罐，获得在冷冻条件下较为稳定的果酒，同时能除掉部分结晶酸。

九、灭菌

无花果果酒可选用过滤灭菌。

十、检测

按照例 8-1 的方法测定总糖的含量，参照例 9-1 测定总酸含量，例 9-2 测定挥发酸含量，例 12-1 测定干浸出物的含量，其他指标参照 GB/T 15038—2006 的方法进行检测。

例 12-1　干浸出物和可溶性固形物含量的测定

1. 原理

总浸出物（或总干物质）是在所有特定的物理条件下不挥发性物质的总量。用密度瓶法测定样品或蒸出酒精后的样品的密度，求得总浸出物的含量，然后用密度查附录七，再从中减去总糖的含量，即得干浸出物的含量。

2. 仪器

瓷蒸发皿（200mL）；25mL 附温度计的密度瓶（图 12-3）；高精度恒温水浴（20±0.1）℃；容量瓶（100mL）。

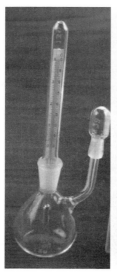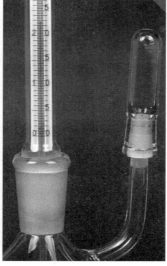

图 12-3　25mL 附温度计的密度瓶

---

3. 分析步骤

用 100mL 容量瓶量取 100mL，20℃样品，倒入 200mL 瓷蒸发皿中；于恒温水浴上蒸发至约为原来体积的 1/3，取下，冷却后，将残液小心地移入原100mL 容量瓶中，用水多次清洗蒸发皿，洗液并入容量瓶中，于20℃定容至刻度（100mL）。

按密度瓶法测酒精度的操作步骤并计算，测出脱醇样品在20℃时的密度ρ_{20}。

4. 结果计算

脱醇样品在20℃时的密度ρ_{20}计算公式如下所示。

$$\rho_{20} = m 样 / m 水 \times \rho_0 = \left[(m_2 - m + A)/(m_1 - m + A) \right] \times \rho_0$$
$$A = \rho_a \times (m_1 - m)/997.0$$

式中　ρ_{20}——试样馏出液在20℃时的密度，g/L

　　　m——密度瓶的质量，g

　　　m_1——20℃时密度瓶与充满密度瓶蒸馏水的总质量，g

　　　m_2——20℃时密度瓶与充满密度瓶残留液的总质量，g

　　　ρ_0——20℃时蒸馏水的密度（998.20g/L）

　　　A——空气浮力校正值

　　　ρ_a——干燥空气在20℃，1.01325kPa 时的密度值（1.20g/L）

　997.0——20℃时蒸馏水与干燥空气密度值之差，g/L

以$\rho_{20} \times 1.0018$（1.0018 为20℃时密度瓶体积的修正系数）的值，查附录七，得出总浸出物含量（g/L）。干浸出物总量计算公式如下所示。

$$X = J_z - T_z$$

式中　X——样品中干浸出物的含量，g/L

　　　J_z——查附录七得到的样品中总浸出物的含量，g/L

　　　T_z——样品中总糖的含量，g/L

总糖（T_z）=葡萄糖（P）+果糖（G）+蔗糖（Z）=还原糖+蔗糖。用液相色谱法测总糖时，可以分别测出蔗糖、葡萄糖和果糖的含量，所以干浸出物的计算为$X = J_z - (P+G+Z)$。

用直接滴定法测总糖时，还原糖可以直接测得，而蔗糖要通过转化为还原糖来测得，由于0.95g蔗糖可以转化为1g还原糖，所以干浸出物的计算如下式所示。

$$X = J_z - \left[T_H + (T_z' - T_H) \times 0.95 \right]$$

式中　X——样品中干浸出物的含量，g/L

　　　T_H——样品中的还原糖含量，g/L

　　　T_z'——用直接滴定法测得的总糖含量，g/L

$(T_z'-T_H)$ ——样品中蔗糖转化为还原糖的含量，g/L

0.95——转化糖换算成蔗糖的换算系数

公式变化为：$X=J_z-T_z'+0.05(T_z'-T_H)$，当总糖（$T_z'$）和还原糖（$T_H$）相差很小时，如干型葡萄酒，或者蔗糖含量很低，干浸出物的计算公式可以简化为：$X=J_z-T_z'$，所得结果应表示至小数点后一位。平行试验测定结果绝对值之差不得超过 0.5g/L。

第三节　建议质量标准

一、感官指标

感官指标如表 12-1 所示。

表 12-1　　　　　　　　　　　　　感官指标

外观	色泽	无花果果汁本色或琥珀色
	清/浑	澄清透明，无明显悬浮物
香气	滋味	具有无花果特有的果香和酒香，诸香和谐醇正
	典型性	具有无花果的独特风格

二、理化指标

理化指标如表 12-2 所示。

表 12-2　　　　　　　　　　　　　理化指标

项目	指标
酒精度/（20℃，%vol）	≥9
总糖/（以葡萄糖计，g/L）	≤45
滴定酸/（以酒石酸计，g/L）	≥5.0
挥发酸/（以乙酸计，g/L）	≤1.2
干浸出物/（g/L）	≥12.0
酒精度标签示值与实测值之差不应超过±1.0%vol	

三、卫生指标

符合《食品安全国家标准　发酵酒及其配制酒》（GB 2758—2012）的相关规定。

第十三章　果酒工厂设计概述

　　实验室成果转化为产品是一个非常漫长的过程。在果酒技术转化中，果酒工厂的规范化设计是保证技术有效转化的关键环节。果酒工厂的设计按照设计任务的职责范围分为工艺设计和非工艺设计两大部分，工艺设计是酒厂设计的主体，非工艺设计的要求是在工艺设计的基础上提出的。

　　所谓工艺设计是指按照生产工艺过程的要求进行设计。工艺设计的所有工作都应由从事果酒工程的专业技术人员承担完成。工艺设计的主要依据是：设计任务书；项目工程师下达的设计工作提纲；采用新工艺、新技术、新设备、新材料的技术鉴定报告；选用设备的有关产品样本和技术资料；其他设计资料。

　　非工艺设计是指除工艺设计以外的其他公用设施、公用系统的设计，如建筑设施、给排水系统、采暖通风系统、供冷系统、供电及电讯系统等设计，这些设计应由从事上述专业的技术人员去承担和完成。非工艺设计要服从于工艺设计。

　　工艺设计人员除了完成本身的设计工作之外，还要对非工艺设计提供基本的设计参数和设计要求。对生产车间的建筑结构、建筑面积，厂房的长、宽、高及跨度、开间大小、柱距、出入口位置及大小等都要提出具体要求和准确的数据，对生产车间的给排水、供冷、供气、供电等也要提出具体要求和相应数据；对于车间的安全、卫生、环保等也要提出要求。

　　非工艺设计的各类专业人员应当以工艺设计提出的要求和数据为基本设计依据进行设计。同样，非工艺设计的各个专业工种之间也需要相互配合和协作，如给排水、供热、供冷等专业会同土建类专业提出涉及建筑结构及建筑布置上的要求，而土建类专业设计则要满足这些要求等。本章以年产 50 吨苹果果酒厂的设计为例，重点介绍果酒厂的设计流程及注意事项。

第一节　设计依据

一、设计任务书

为了建设项目投资决策的科学性和可靠性，以避免和减少建设的盲目性，建设项目在投资决策之前均需进行可行性研究，需对拟建项目的市场需求、资源条件、原材料及燃烧动力供应状况、建设规模、设计方案、环境保护、劳动组织、厂址选择、实施进度等，从技术和经济两方面进行详尽的调查研究和分析论证。并预测项目建成后可能取得的经济效果，提出该项目是否值得投资以及如何建设的意见。在该可行性研究报告的基础上，编制设计任务书。设计应遵循设计任务书的基本要求。

二、国家及地方规范

除了遵循上述的设计任务书以外，设计应遵循国家及地方规范，这些规范主要包括以下几条。

《中华人民共和国食品安全法》2021 年 4 月 29 日修正。

《中华人民共和国劳动法》2018 年 12 月 29 日修正。

《中华人民共和国安全生产法》2021 年 6 月 10 日修正。

《大气污染物综合排放标准》GB 16297—1996。

《污水综合排放标准》GB 8978—1996。

《发酵酒精和白酒工业水污染物排放标准》GB 27631—2011。

《食品安全国家标准　食品生产通用卫生规范》GB 14881—2013。

《食品安全国家标准　发酵酒及其配制酒生产卫生规范》GB 12696—2016。

《绿色食品 果酒》NY/T 1508—2007。

《食品安全国家标准　食品添加剂　食品工业用酶制剂》GB 1886.174—2016。

《生产设备安全卫生设计总则》GB 5083—1999。

《工业企业厂界环境噪声排放标准》GB 12348—2008。

《酒厂设计防火规范》GB 50694—2011。

《生活饮用水卫生规范》GB 5749—2006。

《食品安全管理体系　葡萄酒及果酒生产企业要求》T/CCAA 25—2016。

《库区、库房防火防爆管理要求》WB/T 1028—2006。

《食品安全国家标准 食品添加剂使用标准》GB 2760—2014。

《食品安全国家标准 预包装食品标签通则》GB 7718—2011。

《果酒通用技术要求》QB/T 5476—2020。

《苹果酒》T/CBJ 5104—2020。

《果酒生产标准体系总则》DB 65/T 2977—2009。

第二节 厂址的选择

一、厂址选择应考虑的因素

根据果酒厂厂址选择的要求，厂址选择考虑以下方面的因素。

（1）符合城市规划，以适应当地远期、近期规划的统一布局，尽量不占用良田，做到节约用地。

（2）厂址要接近原料基地和产品的销售市场，具有良好的交通运输条件，要接近水源和能源，宜设在原料产地附近的大中城市的郊区。

（3）场地有效利用系数高，并有远景规划的发展用地。

（4）厂区的标高应高于当地历史最高警戒水位，特别是主车间及仓库的标高更应高于当地历史最高警戒水位，厂区自然排水坡度能在 0.004°~0.008°最好。

（5）厂址要有较可靠的地质条件，应避免将工厂设在流沙、淤泥、土崩断裂层、易滑坡地带。

（6）考虑到环境问题，所选厂址附近应有良好的卫生环境，无有害气体、放射源、粉尘和其他扩散性的污染源。受污染河流的下游不应作为厂址的选择地。同时要考虑"三废"的处理，保证环境卫生。

根据设计要求，工厂选址在贵州省长顺县某地。该地的苹果名声在外，果酥脆而不绵，鲜嫩多汁，鲜果上市具有品牌效应，当地稳定种植面积约 60 亩（1 亩＝666.7m²，余同），亩产约 5000 斤，因此每年约 150t 产量，但受制于短采收季和保鲜期，每年仅有 20%鲜果销售，因此每年约有 120t 苹果加工量，同时该种植基地还有葡萄 40 亩，年产量约 50t，销售 20%，约有 10t，约有 40t 的加工需求，而且如果加工顺畅，种植面积还可扩大。

二、厂址所在地的条件

（1）综合原料供应条件、供电与电讯、交通运输、成本等条件，将年产 50t

苹果果酒厂的厂址选择在长顺县轻工业园。

（2）长顺县地处贵州省中部、黔南布依族苗族自治州西部，位于北纬25°38′48″~26°17′30″、东经106°13′6″~106°38′48″，东抵惠水县，东南与罗甸县接壤，西南抵紫云苗族布依族自治县，西北与安顺市西秀区相连，北与平坝区交界，东北与贵阳市花溪区相邻，有高速公路（花安高速、都香高速）穿过境内，运输条件优越。

（3）长顺县属于中亚热带湿润季风气候区，冬无严寒，夏无酷暑，气候温和，雨量充沛，无霜期长，主导风向为东南风（图13-1）。2020年平均气温16.3℃，最高气温32.4℃、最低气温0.5℃。全年日照总时长1038.8h，降水总量1186.42mm。

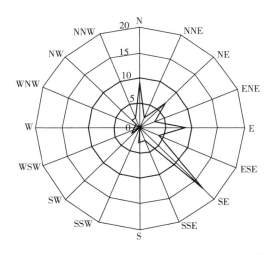

图13-1　长顺县风向玫瑰图（长顺县年平均各风向频率 $C=36$）

（4）长顺县境内共有9条河流，县境北部的麻线河属长江流域乌江水系，在县境内流域面积为144.6km²，占全县水域总面积的9%。其余8条河流均属珠江流域红水河水系，分别是蒙江（格凸河）、摆所河、翁吟河（马岭河）、龙青河（石燕河）、威远河（乌麻河及洗布河）、冷水河（水波龙河）、冗雷河、长安河（睦化河），在县境内的流域面积为1419.25km²，占全县河流面积的91%。2020年末，全县耕地总面积58.58万亩，基本农田47.01万亩，基本农田占耕地总面积的80.24%。

（5）生产区内的供水、供电、供气，垃圾处理场和污水管网等基础设施完善，因此与附近的工农业及居民生活条件不会相互影响。

第十四章　工艺设计

工艺设计是果酒厂设计的核心部分，直接关系到产品的质量和生产效率。本章以年产 50t 的果酒厂为例重点介绍物料衡算和设备选型。

第一节　产品方案设计

一、产品选择

因贵州省长顺县某种植基地每年有约 120t 的苹果和 40t 的葡萄加工需求，因此在前期选择苹果蒸馏酒和加强型半甜葡萄酒作为首批产品。选择这两种产品的原因是经过前期试验发现，这两种产品不但具有丰富的原材料供应，而且苹果蒸馏酒和加强型葡萄酒存放方便，后期管理成本低，抗市场风险能力强，且随着时间的推移，有增值空间，再就是加工简单，不涉及灭菌等步骤，另外食品安全系数高，不易引入致病微生物，最后苹果蒸馏酒和加强型半甜葡萄酒质量好，符合中国人的饮用习惯，香气浓郁、入口柔顺、回味甘甜、无异味等。生产中，原辅料应满足以下标准。

（1）不准使用腐烂、霉变、变质、变味等果实作为原料酿造果酒。

（2）生产果酒的辅料、食品添加剂应符合 GB 2760—2014 的规定。

（3）用于调配果酒的白兰地应符合 GB/T 11856—2008 的规定，如用食用酒精进行调配，必须经过脱臭处理，符合国家标准二级以上的食用酒精指标要求。

（4）酿酒用的酵母，投入生产前必须经过严格检查，不准使用变异或不纯的菌种，要建立严格的菌种管理制度，如是自己培养菌种，必须定期继代，以保证菌种的纯净和优势。

二、产品设计

苹果蒸馏酒的酒精度设计为 40%vol，年产量为 30t；加强型半甜葡萄酒的酒精度为 20%vol，总糖含量为 30g/L，调配加强型酒的食用酒精由葡萄酒压榨后的果渣蒸馏而得，不够部分由苹果蒸馏酒补充，不从外购买食用酒精，加强型半甜葡萄酒（以下简称"葡萄发酵酒"）的年产量为 20t，两种酒的其他指标符合相关质量标准要求。

苹果蒸馏酒的质量标准见"第六章　苹果果酒的酿造"，加强型半甜葡萄酒的质量标准参见 GB/T 15037—2006。

三、产品方案设计依据及班产量的确定

产品方案的设计必须满足产品在产量、经济效益、淡季和旺季的平衡，以及原料在综合利用方面的要求；产品方案应满足在产量、原料供应、生产班次、设备生产能力、耗电、耗气负荷等方面的平衡；满足市场需求，符合经济要求。

班产量是工艺设计中最主要的计算基准，班产量的大小直接影响到设备配套、车间布置和面积、公用设施和辅助设计的大小、劳动力定员等。

因苹果和葡萄的采收具有很强的季节性，从而决定了果酒的生产也具有较强的季节性。果酒的生产时间主要由生产期和灌装期构成，每天工作 8 小时，周末双休，其中生产期为 9~11 月中旬，主要进行苹果/葡萄的上罐工作，11 月下旬至次年 3 月主要进行发酵、倒罐、蒸馏、调配等工序，灌装期为 4~7 月，主要完成葡萄酒和苹果酒的灌装，8 月停产，进行修整和设备检修，为下一轮的生产做准备（表 14-1）。

表 14-1　　　　　　　　产品方案及一年的生产安排

班数/天	月份											
	1	2	3	4	5	6	7	8	9	10	11	12
1 班									17 天（葡萄）30 天（苹果）			
合计	228（班）											

生产期天数：$T_1 =$（30-11）+（31-14）+（30-8）+（31-8）+（31-8）+（28-12）+（31-8）= 143。

上罐期天数：$T_2 =$（30-11）+（31-14）+（15-4）= 47。

灌装期天数：$T_3 =$（30-8）+（31-12）+（31-10）+（31-8）= 85。

总生产时间为：143+85 = 228 天。

每天 1 班，共有 228 班，但应在 9~11 月中旬必须把所有的新鲜水果处理完，相当于把一年的指标全部投罐，因此此处的班产量只能按照 9~11 月中旬的生产班组进行核算，所以理论班产量为：50÷47 = 1.07t，理论小时产量为：1.07÷8 = 0.134t。生产期设施应与此班产量配套。

第二节　生产工艺流程及论证

一、工艺流程

苹果蒸馏酒和葡萄发酵酒的工艺流程分别如图 14-1 和图 14-2 所示。

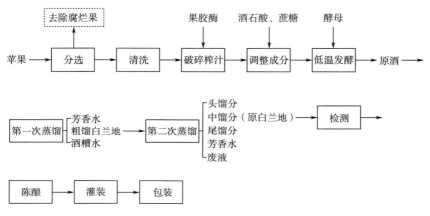

图 14-1　苹果蒸馏酒的工艺流程图

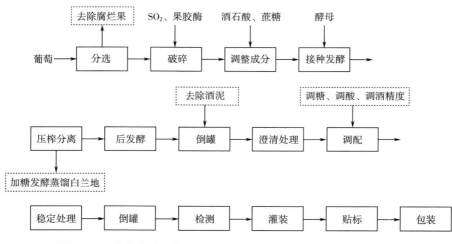

图 14-2　葡萄发酵酒的工艺流程图（蒸馏工艺参考苹果蒸馏酒）

二、工艺论证和说明

具体的工艺论证和说明见"第六章 苹果果酒的酿造"和"第十章 水晶葡萄果酒的酿造"。按照 GB/T 15038—2006 进行指标分析和感官品评。

第三节 物料核算

应对工艺流程的原辅料和包材进行核算，核算的数据是来源于实验室和生产实践的经验，因此数据是粗略的，这些数据会随着水果种类、生产设备、贮酒容器、生产工艺、操作手法等诸多因素而不同。

一、原辅料核算

1. 原料核算

（1）苹果蒸馏酒酿造过程中苹果的损失率如表 14-2 所示，按 30t 的苹果蒸馏酒（40%vol）原酒计算产量，但由于在存酒时是用高酒精度酒（60%vol）来存放，经质量分数换算，要调配 40%vol 的苹果蒸馏酒 30t，约需 60%vol 的原酒 19.1t。

表 14-2　　　苹果蒸馏酒（60%vol）酿造过程中的损失率核算表

损失步骤	损失原因	损失率/%
分拣	去掉坏果	1
破碎	操作损失	2
管道运输	黏附管道壁	1
蒸馏	皮渣	80
灌装	机械操作损失	2
总计		86

如表 14-2 所示，所需原料可按如下方法核算。

设所需苹果原料为 x_1 吨，有：$x_1 \times$（1-86%）= 19.1t，得 $x_1 \approx 136.5$t，每班（假设为 30 班）所需处理的苹果原料为：136.5t÷30 班=4.55t。

（2）葡萄发酵酒酿造过程中葡萄的损失率如表 14-3 所示。

表 14-3　　　　　　　　葡萄发酵酒酿造过程中的损失率核算表

损失步骤	损失原因	损失率/%
分拣	去掉坏果	1
除梗破碎	梗	8
管道运输	黏附管道壁	5
压榨	果渣	15
倒罐	酒脚	5
苹果酸-乳酸发酵	酒泥	2
陈酿	酒泥	3
稳定性处理	低温冷冻和趁冷过滤、下胶	4
灌装	机械操作损失	2
总计		45

如表 14-3 所示，所需葡萄的原料用量可按下式计算。

应调配 20t 20%vol 的成品酒，需要 12%vol 的原酒和白兰地的质量分别为 14.44t、5.56t，因此所需葡萄的质量按照 14.44t 原酒进行核算即可。

设所需葡萄 x_2 吨，则 $x_2 \times (1-45\%) = 14.44t$，得 $x_2 \approx 26.3t$。

葡萄白兰地（40%vol）的出酒率（混果渣后）按 25% 计算，则需要葡萄原料为：$5.56 \div 25\% \approx 22.3t$，而果渣的量为 $26.3 \times (1-1\%-8\%-5\%) \times 15\% \approx 3.4t$，所以需要补加葡萄 $22.3-3.4 = 18.9t$。

则总共需要葡萄：$26.3+18.9 = 45.2t$。

每班（假设共 17 班）所需处理的葡萄原料为：$48.6t \div 17$ 班 $\approx 2.86t$（果渣也需处理）。

2. 偏重亚硫酸钾用量计算

偏重亚硫酸钾在水溶液中的 SO_2 理论转化率为 57.6%，实际生产中按 50% 计。偏重亚硫酸钾分别在发酵前、压榨时和灌装前进行添加，每次添加 50g/t。因此，每班所需要的偏重亚硫酸钾的量如下所示。

苹果酿造不需添加 SO_2，靠高酸控菌。葡萄酿造时所需添加的 SO_2 的量如下所示。

发酵前所需的量为：$26.3 \times (1-1\%-8\%) \times 50g/t \approx 1197g$。

压榨时所需的量为：$26.3 \times (1-1\%-8\%-5\%-15\%) \times 50g/t \approx 934g$。

灌装时所需的量为：$26.3 \times (1-1\%-8\%-5\%-15\%-5\%-2\%-3\%-4\%) \times 50g/t \approx 750g$。

故所需偏重亚硫酸钾的量为：$(1197+934+750) \times 2 = 5762g = 5.762kg$，因平

时洗罐等还要用到偏重亚硫酸钾，故取 40kg。全年所需偏重亚硫酸钾的量为：5.762+40＝45.762kg，因此每年约需偏重亚硫酸钾 50kg。

3. 果胶酶用量计算

果胶酶在苹果/葡萄破碎并加入酿造水后添加，只添加 1 次，按照 20g/t 的量添加，故所需的果胶酶的量如下所示。

苹果汁：136.5×（1-1%-2%）×20g/t=2648.1g。

葡萄汁：[（26.3+18.9）×（1-1%-8%）+3.4]×20g/t=890.64g。

故所需的果胶酶的量为：2648.1+890.64=3538.74g≈3.54kg。

4. 蔗糖用量计算

两种酒体的目标酒精度为 12%vol，设计时按 13%vol，苹果的白利度按 10.5°Bx 计算，葡萄的白利度按 17°Bx 计算，按 17g/L 糖转化为 1%vol 酒精度计算，所需添加的蔗糖量如下所示。

苹果：（13-10.5÷2）×17000g/t×136.5t×（1-1%-2%）＝17444358.75g≈17.5t。

半甜型葡萄酒（按残糖 30g/L 计算）：

发酵补糖：（13-17÷2）×17000g/t×26.3t×（1-1%-8%）＝1830874.5g≈1.84t。

调配补糖：30000g/t×26.3t×（1-43%）＝449730g＝0.45t。

果渣发酵补糖时酒精度按 12%vol 设计，混果渣后的葡萄原酒白利度按 15°Bx 估计，缺的部分用蔗糖补，则有：

（13-15÷2）×17000g/t×[18.9×（1-1%-8%）+3.4]≈1926006g≈2t。

故所需蔗糖用量为：17.5+1.84+0.45+2＝21.79t。

注：计算公式为（目标酒精度-白利度/2）×17g/L×目标体积，其中，白利度/2 为潜在酒精度，17g/L 为在 1 升果汁中，17g 糖转化为 1%vol，另外目标体积即加到罐中的果汁体积，按 kg≈L 进行换算。

5. 活性干酵母用量的计算

活性干酵母接种量按 200g/t 计算，整个发酵过程接种 1 次，所需酵母的量计算如下所示。

苹果汁：136.5×（1-1%-2%-1%）×200g/t≈26.21kg。

葡萄汁：[（26.3+18.9）×（1-1%-8%-5%）+3.4]×200g/t≈8.46kg。

故所需活性干酵母用量为：26.21+8.46＝34.67kg。

6. 活性干乳酸菌用量的计算（仅葡萄汁酿造使用）

活性干乳酸菌按照 10g/t 的量添加（王华和刘芳，2001），整个发酵过程中有 26.3×（1-1%-8%-5%-15%-5%）≈17.4t 葡萄酒需要进行苹果酸-乳酸发酵，所需的活性干乳酸菌的量为：17.4t×10g/t＝174g。

7. 酒石酸用量计算

苹果汁的原始 pH 为 3.98，因此需要将 pH 调至 3.3~3.7（此处取 3.6），因此需要用酒石酸对果汁的 pH 进行调节。酒石酸的添加量计算公式为：［pH（测量）－pH（3.6）］×10×$V_{每罐体积}$。

故，所需要的酒石酸量如下所示。

苹果汁：（3.98－3.6）×10×136.5×（1－1%－2%－1%）＝497.952kg。

葡萄汁：葡萄汁的 pH 按 4.3 计算，则：

（4.3－3.6）×10×［（26.3＋18.9）×（1－1%－8%）＋3.4］＝295.904kg。

全年所需要的酒石酸的量为：497.952＋295.904＝793.856kg。

8. 皂土用量计算

苹果蒸馏酒不需要下胶。需要下胶的葡萄酒为：26.3t×（1－1%－8%－5%－15%）＝18.673t，按照 800g/t 的下胶量计算，如下所示。

所需的皂土为：18.673×800＝14938.4g≈14.94kg。

9. 调酒用葡萄白兰地（40%vol）用量计算

根据不同酒精度的调配公式（辜义洪，2015）得如下公式。

$$m_1 = \frac{m(w - w_2)}{w_1 - w_2}$$

$$m_2 = m - m_1$$

式中　w_1——高酒精度的原酒质量分数,%

w_2——低酒精度的原酒质量分数,%

m_1——高酒精度的原酒质量，kg

m_2——低酒精度的原酒质量，kg

m——调配后酒的质量，kg

w——调配后酒的质量分数,%

现要将酒精度为 12%vol 和 40%vol 两种原酒，调配成 20t 20%vol 的加强型酒。请注意，此处的 12%vol 的酒是葡萄发酵酒。

查附录四：40%vol＝33.3004%（质量分数）

20%vol＝16.2134%（质量分数）

12%vol＝9.6410%（质量分数）

$$m_1 = \frac{20 \times (16.2134\% - 9.6410\%)}{33.3004\% - 9.6410\%} \approx 5.56t$$

$$m_2 = m - m_1 = 20 - 5.56 \approx 14.5t$$

故需要 40%vol 的葡萄白兰地为 5.56t。

二、包材计算

每年有需要灌装的苹果蒸馏酒（40%vol）30t，加强型半甜葡萄酒（20%vol）20t，苹果蒸馏酒用 375mL 的透明瓶灌装，加强型半甜葡萄酒用 750mL 的棕色瓶灌装，则完全灌装所需的酒瓶数量如下所示。

苹果蒸馏酒：30t×1000×1000÷375＝80000 个

加强型半甜葡萄酒：20t×1000×1000÷750≈26667 个

实际以综合瓶储、市场和陈酿时间为准。苹果蒸馏酒的瓶盖使用白酒瓶配套的螺旋塞，加强型半甜葡萄酒瓶用橡木塞，另需配套相应数量的酒帽、酒标。按照 6 瓶每箱核算包装箱，约需包装箱：苹果蒸馏酒为：80000÷6≈13334 个，加强型半甜葡萄酒为：26667÷6≈4445 个。

三、物料核算结果

物料核算结果如表 14-4 所示。

表 14-4   **年产 50t 果酒的物料核算结果**

核算类型	项目	每班需求量	总需求量
原料	苹果	4.55t	136.5t
	葡萄	2.66t	45.2t
辅料	偏重亚硫酸钾	—	50kg
	果胶酶	—	3.54kg
	蔗糖	—	22.79t
	活性干酵母	—	34.67kg
	活性干乳酸菌	—	174g
	酒石酸	—	793.856kg
	皂土	—	14.94kg
	40%葡萄白兰地	—	5.56t
包材	750mL 棕色酒瓶	—	26667 个
	375mL 透明酒瓶	—	80000 个
	橡木塞	—	26667 个
	酒帽	—	106667 个
	6 瓶装纸箱（750mL）	—	4445 个
	6 瓶装纸箱（375mL）	—	13334 个

四、原辅料成本估算

原辅料的成本估算如表 14-5 所示。

表 14-5 原辅料的成本估算

名称	单价	用量	金额/元	备注
苹果	5000 元/t	136.5t	682500	
葡萄	8000 元/t	45.2t	361600	
偏重亚硫酸钾	40 元/kg	50kg	2000	
果胶酶	1300 元/kg	3.54kg	4602	
蔗糖	8000 元/t	22.79t	182320	
活性干酵母	1000 元/kg	34.67kg	34670	
活性干乳酸菌	30 元/g	174g	5220	
酒石酸	70 元/kg	793.856kg	55570	
皂土	15 元/kg	14.94kg	约224	
酒瓶含瓶塞、酒帽、标签（375mL）	4 元/套	80000 套	320000	
酒瓶含瓶塞、酒帽、标签（750mL）	5 元/套	26667 套	133335	
纸箱（375mL）	8 元/个	13334 个	106672	
纸箱（750mL）	9 元/个	4445 个	40005	
合计			1928718	

第四节　设备选型及清单

一、选型依据及估算

1. 多功能水果清洗机

人工去除腐烂果后的第一步是将果实放置于多功能水果清洗机（图 14-3）上，经气泡冲洗、冲浪、喷淋、提升将水果运送到破碎机。因理论班苹果处理量约为 4.55t，故理论小时处理量约为 0.57t，所以选择的刮板式提升机的处理量不得小于 0.57t/h，因此选择处理能力为 1t/h，电机功率为 1.5kW 的设备作为该生产线的前端处理设备。

2. 苹果破碎机

苹果的班处理量为 4.55t，约 1% 的坏果，因此需要破碎的苹果为 4.55×0.99≈4.5t，则破碎机的处理能力不得小于 4.5÷8≈0.57t/h。经查询，市面上现有的最小处理能力为 1t/h，电机功率为 0.75kW，因此选用该设备 2 台，其中 1 台备用（图 14-4）。

图 14-3　多功能水果清洗机

图 14-4　苹果破碎机

3. 葡萄除梗破碎机

葡萄的理论班处理量为 2.86t，则葡萄除梗破碎机（图 14-5）的处理能力不得小于 $2.86 \div 8 = 0.36$ t/h，选择处理能力为 0.5t/h、功率 0.55kW 的破碎机 2 台，1 台备用。

图 14-5　葡萄除梗破碎机

4. 螺杆泵

螺杆泵可以将破碎的苹果泵进发酵罐。因苹果的理论班处理量为 4.55t +

0.59t（代糖）= 5.14t，工作时间按 8 小时计算，因此所选设备的处理能力不得低于 0.65t/h。为了防止物料积压，所选设备的处理能力比破碎机要稍大，因此选择 1.5t/h，电机功率为 1.5kW 的螺杆泵 2 台（图 14-6）。

图 14-6　螺杆泵

5. 发酵罐

此处的发酵周期包括"浸渍-发酵-分离自留酒-排放皮渣-洗涤罐"，即从"干净罐到干净罐"为一个发酵周期。按投料系数 0.75 计算，苹果的理论罐体体积为：4.55÷0.75≈6t，葡萄的理论罐体体积为：2.86÷0.75≈4t，即所需发酵罐的体积分别为 6t 和 4t。此处统一选用有效容积 6t 的发酵罐，搅拌功率为 3kW，因为在处理葡萄时其投料系数为 2.86÷6≈0.5，接近 0.6，另外还需要添加蔗糖，因此也可以使用 6t 的发酵罐。

葡萄的发酵周期按 15d 进行核算，另加 1d 洗罐时间，即葡萄入罐后 16d 即可将发酵罐用于下一批原料的发酵，因此酿造葡萄酒的 6t 发酵罐需要 14 个（14d 处理时间，每天 1 班）。

苹果蒸馏酒的发酵周期也按 15d 计算，另加 1d 洗罐时间，即苹果入罐后 16d 可空出发酵罐。理论上需要容积为 6t 的发酵罐 30 个（30d 处理时间，每天 1 班），但因从开始酿造的第 16 天开始，可以使用葡萄酒发酵的罐子，所以有 14 个罐子可以用，因此仅需 30-14＝16 个发酵罐。

共需 6t 的发酵罐 30 个即可满足需求。

对于该发酵罐，要求带有搅拌和控温（制冷和升温）装置。因该发酵罐的尺寸未列在通用发酵罐的列表里（例 14-1），所以需对发酵罐的几何尺寸进行简单计算，如下所示。

（1）公称容积可近似为圆柱体的容积，设 $H_0 = 2.5D$，则

$$V = \frac{\pi}{4}D^2H_0 \Rightarrow 6 = 0.785D^2 \times 2.5D$$

罐直径：$D \approx 1.5$m。

罐圆柱高：$H_0 = 2.5 \times D = 2.5 \times 1.5 = 3.75$m。

（2）搅拌器直径

采用六弯叶涡轮搅拌器，搅拌器直径为：

$$D_\mathrm{i} = D/3 = 1.5/3 = 0.5\mathrm{m}$$

（3）罐体总高及上下封头高

由于罐直径为 1.5m<2m，$h_\mathrm{b}=25\mathrm{mm}$。

封头高：$h = h_\mathrm{a} + h_\mathrm{b} = \dfrac{1}{4}D + h_\mathrm{b} = 1.5/4 + 0.025 = 0.4\mathrm{m}$。

罐总高：$H = H_0 + 2h = 3.75 + 2\times0.4 = 4.55\mathrm{m}$。

（4）椭圆形封头容积

$$V_2 = \frac{\pi}{4}D^2 h_\mathrm{b} + \frac{\pi}{6}D^2 h_\mathrm{a} = \frac{\pi}{4}D^2\left(h_\mathrm{b} + \frac{\pi}{6}D\right) = 0.785 \times 1.5^2 \times \left(0.025 + \frac{4.71}{6}\right) \approx 1.43\mathrm{m}^3$$

（5）圆柱部分容积　　$V_1 = \dfrac{\pi}{4}D^2 H_0 = 0.785\times1.5^2\times3.75 \approx 6.7\mathrm{m}^3$。

（6）罐的全容积　　$V_0 = V_1 + 2V_2 = 6.7 + 2\times1.43 = 9.56\mathrm{m}^3$。

例 14-1　通用式发酵罐的尺寸及容积计算

1. 发酵罐的尺寸比例

不同容积的发酵罐，几何尺寸比例在设计时已经规范化，具体设计时可根据发酵种类、厂房等条件做适当调整。通用式发酵罐的主要几何尺寸如图 14-7 所示。

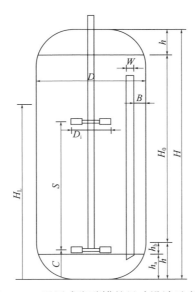

图 14-7　通用式发酵罐的尺寸设计示意图

D—罐内径　D_i—搅拌器直径　S—相邻两组搅拌器间距　H—罐总高度　H_0—圆柱高度

H_L—液柱高度　C—下组搅拌器与罐底距离　h—封头高度　h_a—封头短半轴高度

h_b—封头直边高度　W—挡板宽度　B—挡板与罐壁的距离

（1）高径比（$H_0 : D$）。

（2）搅拌器直径 $D_i = \dfrac{1}{3}D$。

（3）相邻两组搅拌器间距 $S = 3D_i$。

（4）下组搅拌器与罐底距离 $C = (0.8 \sim 1.0)D_i$。

（5）挡板宽度 $W = 0.1D_i$，挡板与罐壁的距离 $B = \left(\dfrac{1}{8} \sim \dfrac{1}{5}\right)W$。

（6）封头高度 $h = h_a + h_b$，式中，对于标准椭圆形封头，$h_a = \dfrac{1}{4}D$。当封头公称直径>2m 时，$h_b = 40mm$；当封头的公称直径≤2m 时，$h_b = 25mm$。

（7）液柱高度 $H_L = H_0\eta + h_a + h_b$，式中，$\eta$ 为投料系数，一般情况下，投料高度取罐圆柱部分高度的 0.7 倍，极少泡沫的物料可达 0.9 倍，对于易产生泡沫的物料可取 0.6 倍。

2. 发酵罐的容积计算

（1）圆柱部分容积 V_1 　　$V_1 = \dfrac{\pi}{4}D^2 H_0$，式中符号所代表的含义如图 14-7 所示，余同。

（2）椭圆形封头的容积 V_2 　　$V_2 = \dfrac{\pi}{4}D^2 h_b + \dfrac{\pi}{6}D^2 h_a = \dfrac{\pi}{4}D^2 \left(h_b + \dfrac{\pi}{6}D\right)$。

公称容积是指发酵罐圆柱部分和底封头容积之和，其值为整数，一般不计入上封头的容积，计算公式：$V_公 = V_1 + V_2$。

（3）罐的全容积 V_0 　　$V_0 = V_1 + 2V_2$。

如果投料系数为圆柱高度的 η 倍，那么液柱高度为：$H_L = H_0\eta + h_a + h_b$。

投料容积 $V = V_1\eta + V_2$，投料系数 $\eta = V/V_0$。

3. 通用式发酵罐的设计内容

设计的内容如表 14-6 所示。

表 14-6　　　　　　　　　　通用式发酵罐的设计内容

设计内容	构件的选取与计算
设备本体的设计	筒体、封头、罐体压力、容积等
附件的设计与选取	接管尺寸、法兰、开孔及开孔补强、人孔、传热部件、挡板、中间轴承等
搅拌装置设计	传动装置、搅拌轴、联轴器、轴承、密封装置、搅拌器、搅拌轴的临界转速等
设备强度及稳定性检验	设备重量载荷、设备地震弯矩、偏心载荷、塔体强度及稳定性、裙座的强度、裙座与筒体对接焊缝验算等

$6m^3$ 发酵罐的几何尺寸参数见表 14-7。

表 14-7　　　　　　　　　　　　　　　　　　6m³发酵罐的几何尺寸

公称容积/m³	罐内直径/mm	圆柱高/mm	封头高度/mm	罐体总高/mm	封头容积/m³	圆柱部分容积/m³	不计上封头的容积/m³	全容积/m³	搅拌桨直径/mm	冷却方式
6	1500	3750	400	4550	1.43	6.7	8.13	9.56	500	夹套

6. 化糖罐

以苹果的化糖量进行核算，每班需化糖 17.5t÷30 班 ≈0.59t/班，故每天需要溶解的糖量为 590kg，糖分两次添加，每次加 295kg，加水量按糖量的 2.5 倍计算，则总体积约为 737.5+295=1032.5L，因此拟有效容积为 1.5t 的化糖罐 1 个，化糖后直接泵至发酵罐，化糖罐需带搅拌，搅拌功率为 2kW 且有加热功能，加热功率为 1.5kW（图 14-8）。

图 14-8　化糖罐

7. 酵母活化罐

因每次添加酵母均在完成投料后才进行，按苹果的理论班酵母接种量来估算，苹果的理论班处理量为 4.55t，则所需活化的酵母的量为 4.55t×200g/t＝910g，活化时需要添加 20 倍的水及 1∶1（质量比，余同）的营养助剂，因此需要至少 0.91×20＝18.2L，因在活化后期还需要添加果汁，因此选择 1 个 30L 的不锈钢罐作为酵母活化罐（图 14-9）。

图 14-9　酵母活化罐

8. 螺旋压榨机

根据苹果的理论班处理量（4.55t+0.59t 糖＝5.14t）来选择螺旋压榨机。因此螺旋压榨机的处理能力不得低于 0.65t/h，所以应选择处理能力 1t/h 的螺旋压榨机 2 台，其中 1 台备用，电机功率为 2.2kW（图 14-10）。

图 14-10　螺旋压榨机

9. 储罐

储罐的总容量一般应为年产量的 1.5~2 倍。短期消费型的酒一般陈酿 1 年或 2~3 年，长期陈酿型的酒贮藏时间则比较长。按照平均贮藏周期 2 年进行计算，则苹果蒸馏酒所需的储罐容量为 30t×2×2＝120t，拟选用 1t 的陶坛 120 个，另有约 6t 的葡萄白兰地需要暂存，因此需要 6 个 1t 的陶坛，因此总共需要 126 个，建设陶坛酒库，温度控制在 15~20℃，湿度 70％。加强型半甜葡萄酒（以下简称"葡萄酒"）的储存量为 20t，因此所需的储罐容量为 20t×2×2＝80t，为了处理方便，选用 4 个 20t 的储罐，放置于酒库中（图 14-11）。

图 14-11　储罐

10. 调配罐

按照 30 个工作日完成调配进行估算，则每个工作日需要调配 50÷30≈1.7t，即班调配量为 1.7t，所以选用 2 个 2t 的调配罐，其中 1 个备用，调配好的酒马上导入储罐。调配罐需有搅拌功能，搅拌功率 2.5kW（图 14-12）。

11. 冷冻罐

在果酒的稳定性试验中，冷稳定处理是很重要的一道工序，一般要在果酒冰点以上 1℃ 的温度下（常用温度为 -6~-5℃）处理约 5d 时间。该工序中需要冷冻罐，因调配好的果酒马上需要导入冷冻罐进

图 14-12　调配罐

行处理，因此冷冻罐的容积相对较大。以葡萄酒为例，按周期 5d，每天 1 班（8h），按 30d 计算，班处理量为 20÷30≈0.67t，因此需要选择 1t 的冷冻罐 6 个，其中 1 个备用。冷冻罐的搅拌功率 1.75kW，压缩机功率 22kW（图 14-13）。

图 14-13　冷冻罐

12. 夏朗德壶式蒸馏器

苹果发酵液和部分葡萄发酵液需要蒸馏，需蒸馏的物料共：136.5×（1-1%-2%-1%）+［18.9×（1-1%-8%-5%）+3.4］=150.694t，蒸馏需在 11 月下旬至次年 3 月间完成，按 20 个工作日内完成第 1 次蒸馏计算，则每日需蒸馏的量为 150.694÷20≈7.6t，可选用处理能力为 7.6t÷8h≈0.95t/h 的夏朗德壶式蒸馏器，故选择处理能力为 1t/h 的 2 台，其中 1 台备用，功率为 45kW（图 14-14）。

图 14-14　夏朗德壶式蒸馏器

关于白兰地的酿造和蒸馏有几点需要注意的是：一是皮渣白兰地甲醇含量高，酒泥白兰地香气重，都不宜直接饮用，而可用于调香；二是酿造白兰地最好用高酸、低糖、低香的水果汁，不要加糖，不要加硫，这样可以浓缩更多的芳香物质；三是酿酒时适当添加氮源（酵母营养助剂，酵母可利用性氮不低于 140mg/L），能防止酵母把氨基酸脱氮后产生杂醇油；四是蒸馏白兰地时最好还是用蒸馏壶做二次蒸馏，一次大火粗馏，二次温火精馏；五是粗馏可以不掐头去尾，二次精馏要掐头（酒头中酒精量占总酒精量的 1%~2%）、去尾（酒精度数低于 55%vol）；六是蒸馏得到的原白兰地需要泡橡木片陈放，泡 1~2 个月后捞出橡木片封陈 2~6 年或更长时间后，再经调配稀释才是真正的白兰地。

关于蒸馏时的"掐头去尾"的估计。粗馏，从酒精度 7%~12%vol 的果酒蒸馏得到酒精度 22%~35%vol 的粗馏原白兰地，粗馏通常不用掐头去尾。取酒精度 0~20%vol 的馏分称为"芳香水"，经过橡木桶储存后可以用来调配芳香型白兰地。剩下的酒糟水可提取酒石酸钾钠。精馏，要分成头馏分（酒头）、中馏分（酒心，一级白兰地）、尾馏分（酒尾和芳香水）。酒头即为截取的酒精度占蒸馏原酒的总酒精度的 1%~2%。比如要蒸馏 40L、25%vol 的粗馏酒，其中酒精为 40L×25%vol=10L，按 1% 截取的酒头中酒精量是 100mL；假如酒头是 75%vol，截取的酒头量为 100mL÷75%vol≈133mL，如果按照 2% 截取酒头，就约是 267mL。如果原酒酒精度更高（如 30%vol），截取的酒头还要增加（按 2% 截取 320mL），如果截取的酒头酒精度更高（80%vol），截取的酒头可以少一点（按 2% 截取 250mL）。中馏分，截取酒头后一直到酒精度降到 55%vol 时为止，得到的是质量最优的中馏分，酒精度为 65%~70%vol，数量约占出酒的 30%。尾馏分，酒精度约为 55%vol 的部分，约占 20%，其中酒精度低于 20%vol 的芳香水可单独存放备用。

13. 打塞机

因该厂葡萄酒仅 20t，约 26667 瓶，在 4~7 月约 86d 内完成打塞即可，因此选用处理能力为 39 瓶/h 的手动打塞机即可，普通打塞机即可达到要求。

14. 压盖机

因该厂苹果蒸馏酒仅 30t，约 80000 瓶，在 4~7 月约 86d 内完成压盖即可，因此选用处理能力为 120 瓶/h 的普通压盖机即可。

其他的贴标和装箱均由人工完成。

二、设备选型结果

设备选型结果如表 14-8 所示，设备总投入 360.1 万元，设备总耗电量加上损耗，装机总容量宜选用约 400kW。

表 14-8   **设备选型一览表**

设备名称	功能要求	估计单价/万元	数量/台	总价/万元	单个估计功率/kW	总功率/kW
多功能水果清洗机	处理能力 1t/h	4	1	4	1.5	1.5
苹果破碎机	处理能力 1t/h	2.5	2	5	0.75	1.5
葡萄除梗破碎机	处理能力 0.5t/h	2.8	2	5.6	0.55	1.1
螺杆泵	处理能力 1.5t/h	0.9	2	1.8	1.5	3
发酵罐	6t/个，控温和搅拌	6.5	30	195	3.0	90
化糖罐	1.5t/个，搅拌和加热	3	1	3	3.5	3.5
酵母活化罐	30L 不锈钢桶	0.9	1	0.9	—	—
螺旋压榨机	处理能力 1t/h	0.85	2	1.7	2.2	4.4
离心泵	处理能力 1t/h，有滚轮可移动，扬程 20m	0.2	3	0.6	2.2	6.6
储罐	20t/个	19	4	76	—	—
调配罐	2t/个，带搅拌	1.8	2	3.6	2.5	5
冷冻罐	1t/个，能有效降温至-6℃并保持	3	6	18	23.75	142.5
夏朗德壶式蒸馏器	处理能力 1t/h	22	2	44	45	90
打塞机	处理能力 39 瓶/h	0.1	1	0.1	—	—
压盖机	处理能力 120 瓶/h	0.8	1	0.8	—	—
合计				360.1		349.1

注：表中载量均指罐体的有效载量；—表示手动操作。

第五节　生产过程中耗水量估算

　　果酒生产过程中用水主要是清洗设备和地面，用水高峰期是果酒发酵季节，为全年用水量的 20%~50%。本设计中，苹果果酒和葡萄酒发酵的主要耗水时间段为 9~11 月中旬，发酵期按 62d 计算，以第 47 天上最后一个发酵罐，到 15d 后发酵结束进行估计。

1. 地面冲洗耗水量

按 1m³ 水可冲洗地面约 40m² 估计，发酵期间生产车间平均每天冲洗地面 3 次，则耗水量 = S（车间面积，m²）÷40×3，发酵期为 62d，所以全年用水量为（S÷40×3×62）m³。

2. 清洗发酵罐耗水量

按清洗 1 台容积 6m³ 的发酵罐的耗水量约 1m³ 估算，发酵期内每 15d 清洗一次罐，工作周期为 62d，则耗水量 = 1×30（发酵罐数量）×62（工作时间）÷15 = 124m³（一个发酵期）。

3. 清洗储罐耗水量

按清洗 1 台容积为 20m³ 的储罐耗水量约为 1.5m³ 估算，按 1 年洗 1 次储罐估算，则一年耗水量为：1.5×4（储罐数量）= 6m³。

4. 清洗多功能水果清洗机、破碎机的耗水量

按清洗 1 台多功能水果清洗机和 1 套破碎设备耗水量约 2.5m³ 估算，每天清洗 2 次，则每天耗水量为：2.5×2×1 = 5m³。一年使用清洗机和破碎机的时间估计为 62d，则发酵期耗水量为 5×62 = 310m³。

5. 清洗螺旋压榨机的耗水量

按清洗 1 台压榨机耗水约 2m³，每天清洗 5 次估算，则每天耗水量为：2×5 = 10m³。发酵期耗水量为 10×62（使用时间估计为 62d）= 620m³。

6. 清洗调配罐的耗水量

按清洗 1 台 2t 的调配罐需要 0.6m³ 水估算，50t（要调的酒）÷2t = 25，即需要洗罐约 25 次，所以全年的用水量为 25×0.6 = 15m³。

7. 清洗酵母活化罐的耗水量

酵母活化罐主要是在发酵期使用，因总的生产周期为 47d，每天接种 1 次，接种后均进行清洗，因此相当于每天清洗 1 次，47d 完成最后 1 罐发酵，那么最后 1 罐的接种时间是在第 48d，而第一天不能接种，则需要清洗酵母活化罐 47 次，按清洗 1 个 30L 的酵母活化罐消耗 0.1m³ 的水估算，则发酵期清洗酵母活化罐所消耗的水量为 0.1×47 = 4.7m³。

8. 清洗冷冻罐的耗水量

按清洗 1 台容积为 1t 冷冻罐的用水量为 0.5m³ 估算，调配 50t 的果酒需要使用的冷冻罐的次数 50t÷1t = 50，则在发酵期所需的耗水量为 0.5×50 = 25m³。

9. 清洗化糖罐的耗水量

与酵母活化罐的清洗次数一致，发酵期清洗化糖罐的次数为 47 次，按清洗 1 个 1.5t 的化糖罐需要 0.5m³ 水，每次用 1 个化糖罐，则发酵期清洗化糖罐所耗的水量为 47×0.5×1 = 23.5m³。

10. 清洗蒸馏器的耗水量

按 1 个 1t 的蒸馏器清洗需 0.8m³ 水估算，因所需要处理的皮渣为 136.5 +

3.4+18.9＝158.8t，故需要 158.8÷1t≈160 次，所以需要洗 160 次蒸馏器，因此发酵期间所需的水量为 160×0.8＝128m³。

故发酵期耗水量约为：$S÷40×3×62+124+6+310+620+15+4.7+25+23.5+128＝S÷40×3×62+1256.2$。

有资料显示发酵期间用水量为全年用水量的 1/5～1/2，故全年的用水量为：$[S÷40×3×62+1256.2]÷0.5～[S÷40×3×62+1256.2]÷0.2$。

以上根据生产实践经验数据、相关书籍和网络数据对物料进行了核算，并对设备进行了选型，同时对投入进行了估算。接下来应根据这些核算数据对总厂的面积、总厂布局进行设计规划，同时将工艺和设备放进厂房，形成方案工艺流程图、设备布置图等，并连接相应的管道，形成工艺流程图，为设备的安装提供参考。因在很多酒厂设计的书籍中，这些内容已经有较为详细的论述，本书限于篇幅，不再赘述。

参考文献

[1] 崔梦君，邹金，蔡文超，等．红枣酒氨基酸含量的测定及其方法优化 [J]．食品研究与开发，2020（41），156-162.

[2] 段元良．山楂酒的酿造及降酸工艺研究 [D]．济南：齐鲁工业大学，2016.

[3] 方强，籍保平，乔勇进，等．果酒中二氧化硫及其控制技术的研究进展 [J]．农业工程技术·农产品加工业，2008（02）：12-17.

[4] 高海燕，王善广，廖小军，等．不同品种梨汁中糖和有机酸含量测定及相关性分析 [J]．华北农学报，2004，19：104-107.

[5] 辜义洪．白酒勾兑与品评技术 [M]．北京：中国轻工业出版社，2015.

[6] 侯丽娟，何思鲁，赵欢，等．不同产地红枣中糖及非挥发性有机酸成分分析 [J]．食品工业，2017，38：183-187.

[7] 李华．酿造酒工艺学 [M]．北京：中国农业出版社，2011.

[8] 李刚凤，李洪艳，张绍阳，等．沙子空心李果实营养品质的主成分分析和综合评价 [J]．食品与发酵工业，2020，46：264-270.

[9] 李国红．特色发酵型果酒加工实用技术 [M]．成都：四川科学技术出版社，2018.

[10] 李鹏飞．实用果酒酿造技术 [M]．北京：中国社会出版社，2008.

[11] 刘芳志，张翠英，李维，等．BAT基因改造对酿酒酵母高级醇生成量的影响 [J]．现代食品科技，2016，32：142-147.

[12] 吕思润．甜菜红素的提取纯化及其生物活性研究 [D]．哈尔滨：哈尔滨工业大学，2016.

[13] 马腾臻，宫鹏飞，史肖，等．红枣发酵酒香气成分分析及感官品质评价 [J]．食品科学，2021，42：247-253.

[14] 穆瑞．叶片不同损失量对刺梨树体养分与产量及果实品质的影响 [D]．贵阳：贵州大学，2018.

[15] 李春光．飞酿笔记（八十）——二氧化硫（上）[EB/OL]．[2016-11-01]．https：//www.winesinfo.com/html/2016/11/165-69134.html.

[16] 牛林茹，李涛，冯俊敏，等．7种大品类红枣中可溶性糖含量及组成成分分析 [J]．山西农业科学，2015，43：10-13.

[17] 潘秋红，孟楠．《葡萄酒分析》实验指导书 [M]．北京：农业大学自编教材，2017.

[18] 沙守峰．梨有机酸组分及含量变化与遗传鉴定 [D]．南京：南京农业大学，2012.

[19] 唐道民．山楂醋酿造技术研究 [D]．泰安：山东农业大学，2016.

[20] 唐玲．无花果果酒发酵工艺及其品质研究 [D]．重庆：西南大学，2018.

[21] 王华，刘芳．不同乳酸菌接种量进行苹果酸-乳酸发酵对葡萄酒质量的影响 [J]．中国食品学报，2001（02）：41-43.

[22] 王晶晶．葡萄果实糖、酸含量性状QTL定位及候选基因分析 [D]．沈阳：沈阳农业大学，2020.

[23] 王萍，贺娜，李慧丽，等．南疆四个主栽红枣果实品质特性研究 [J]．食品工业，

2015, 36: 282-286.

[24] 魏鑫, 魏永祥, 刘成, 等. 高效液相色谱法测定 4 个蓝莓品种果实中糖酸组分及含量 [J]. 中国果树, 2013 (03): 64-67.

[25] 辛嘉英. 食品生物化学 [M]. 北京: 科学出版社, 2019.

[26] 徐雯, 苏雅, 陈秋生, 等. 不同葡萄品种果实中氨基酸含量分析 [J]. 天津农学院学报, 2020, 27: 30-34+38.

[27] 姚改芳. 不同栽培种梨果实糖酸含量特征及形成规律研究 [D]. 南京: 南京农业大学, 2011.

[28] 于清琴, 张颖超, 王咏梅, 等. 葡萄酒及果露酒中的甲醇及降低措施 [J]. 中外葡萄与葡萄酒, 2019 (04): 64-67.

[29] 原苗苗, 赵新节, 孙玉霞. 低温对葡萄酒香气成分和酵母代谢的影响 [J]. 食品与发酵工业, 2017, 43: 268-276.

[30] 袁林, 赵红玉, 刘龙祥, 等. 苹果酸-乳酸发酵对葡萄酒中活性成分的影响 [J]. 食品工业科技, 2020: 41: 358-364.

[31] 张绍阳, 吴姝, 肖海燕, 等. 贵州沿河沙子空心李果实营养分析与评价 [J]. 食品工业, 2020, 41: 340-343.

[32] 张晓利, 刘崇怀, 刘强, 等. 葡萄果实有机酸组分及其含量特性 [J]. 食品科学, 2021, 1-12. https: //kns. cnki. net/kcms/detail/detail. aspx? dbcode = CAPJ&dbname = CAPJLAST&filename = SPKX2021101500B&uniplatform = NZKPT&v = 3RAbDEYpQvm0y0vGgWCzU 46wQbozGPBMjOqp5TCgwBx Q3XDIvCQM-LnsXX0VTCmK

[33] 赵光鳌等. 果酒酿制 [M]. 北京: 中国食品出版社, 1987.

[34] 周敏, 李益锋, 刘唐兴, 等. 葡萄果实的糖分积累研究进展 [J]. 湖南农业科学, 2020 (11): 91-95.

[35] Alexander B, Michael H. Reversibility of thermal degradation of betacyanins under the influence of isoascorbic acid [J]. Journal of Agricultural and Food Chemistry, 1982, 30: 906-908.

[36] An H -m, Liu M, Yang M, et al. Analysis of main organic acid compositions in *Rosa roxburghii Tratt* [J]. Scientia Agricultura Sinica, 2011, 44: 2094-2100.

[37] Ana H, Joanna G, Leigh S, et al. Oenological traits of *Lachancea thermotolerans* show signs of domestication and allopatric differentiation [J]. Scientific Reports, 2018, 8: 14812.

[38] Ariffin A A, Bakar J, Tan C P, et al. Essential fatty acids of pitaya (dragon fruit) seed oil. [J]. Food Chemistry, 2009, 114: 561-564.

[39] Avalos J L, Fink G R, Stephanopoulos G. Compartmentalization of metabolic pathways in yeast mitochondria improves the production of branched-chain alcohols [J]. Nature Biotechnology, 2013, 31: 335-341.

[40] Balmaseda A, Bordons A, Reguant C, et al. *Non-Saccharomyces* in Wine: Effect Upon *Oenococcus oeni* and Malolactic Fermentation [J]. Front Microbiol, 2018, 9: 534.

[41] Bartowsky E J, Pretorius I S. Microbial Formation and Modification of Flavor and Off-Flavor Compounds in Wine. In Biology of Microorganisms on Grapes, in Must and in Wine [M]. Berlin: Heidelberg, 2009.

[42] Betteridge A, Grbin P, Jiranek V. Improving *Oenococcus oeni* to overcome challenges of

wine malolactic fermentation [J]. Trends Biotechnol, 2015, 33: 547-553.

[43] Bilyk A, Kolodij M A, Sapers G M. Stabilization of red beet pigments with isoascorbic acid [J]. Journal of Food Science, 2010, 46: 1616-1617.

[44] Borren E, Tian B. The important contribution of non-*Saccharomyces yeasts to* the aroma complexity of wine: A review [J]. Foods, 2020, 10: 13.

[45] Castro-Enriquez D D, Montano-Leyva B, Del Toro-Sanchez C L, et al. Stabilization of betalains by encapsulation-a review [J]. J Food Sci Technol, 2020, 57: 1587-1600.

[46] Castro-Lopez Ldel R, Gomez-Plaza E, Ortega-Regules A, et al. Role of cell wall deconstructing enzymes in the proanthocyanidin-cell wall adsorption-desorption phenomena [J]. Food Chem, 2016, 196: 526-532.

[47] Chen G, Kan J. Characterization of a novel polysaccharide isolated from *Rosa roxburghii Tratt* fruit and assessment of its antioxidant *in vitro* and *in vivo* [J]. International Journal of Biological Macromolecules, 2018, 107: 166-174.

[48] Chen X, Nielsen K F, Borodina I, et al. Increased isobutanol production in *Saccharomyces cerevisiae* by overexpression of genes in valine metabolism [J]. Biotechnology for Biofuels, 2011, 4: 21.

[49] Chen Y, Liu Z J, Liu J, et al. Inhibition of metastasis and invasion of ovarian cancer cells by crude polysaccharides from *Rosa roxburghii tratt in vitro* [J]. Asian Pacific Journal of Cancer Prevention: APJCP, 2014, 15: 10351-10354.

[50] Chowdhury S S, Islam M N, Jung H A, et al. *In vitro* antidiabetic potential of the fruits of *Crataegus pinnatifida* [J]. Res Pharm Sci, 2014, 9: 11-22.

[51] Costanigro M, Appleby C, Menke S D. The wine headache: Consumer perceptions of sulfites and willingness to pay for non-sulfited wines [J]. Food Quality and Preference, 2014, 31: 81-89.

[52] Daeseok H, S J K, S H K, et al. Repeated regeneration of degraded red beet juice pigments in the presence of antioxidants [J]. Journal of Food Science, 1998, 63: 69-72.

[53] Deed R C, Fedrizzi B, Gardner R C. Influence of fermentation temperature, yeast strain, and grape juice on the aroma chemistry and sensory profile of sauvignon blanc wines [J]. Journal of Agricultural and Food Chemistry, 2017, 65: 8902-8912.

[54] Delgado-Vargas F, Paredes-pez O. Natural Colorants for Food and Nutraceutical Uses [M]. Boca Raton: CRC Press, 2003.

[55] Dickinson J R, Harrison S J, Dickinson J A, et al. An investigation of the metabolism of isoleucine to active Amyl alcohol in *Saccharomyces cerevisiae* [J]. The Journal of Biological Chemistry, 2000, 275: 10937-10942.

[56] Dickinson J R, Harrison S J, Hewlins M J. An investigation of the metabolism of valine to isobutyl alcohol in *Saccharomyces cerevisiae* [J]. The Journal of Biological Chemistry, 1998, 273: 25751-25756.

[57] Divol B, du Toit M, Duckitt E. Surviving in the presence of sulphur dioxide: strategies developed by wine yeasts [J]. Applied Microbiology and Biotechnology, 2012, 95: 601-613.

[58] Doulia D S, Anagnos E K, Liapis K S, et al. Effect of clarification process on the removal

of pesticide residues in red wine and comparison with white wine [J]. Journal of Environmental Science and Health Part B, 2018, 53: 534-545.

[59] Drummond L. The composition and nutritional value of kiwifruit [J]. Adv Food Nutr Res, 2013, 68: 33-57.

[60] Ehlenfeldt M K, Prior R L. Oxygen radical absorbance capacity (ORAC) and phenolic and anthocyanin concentrations in fruit and leaf tissues of highbush blueberry [J]. Journal of Agricultural and Food Chemistry, 2001, 49: 2222-2227.

[61] Ehrlich F. Über die Bedingungen der Fuselölbildung undüber ihren Zusammenhang mit dem Eiweissaufbau der Hefe [J]. Ber Dtsch Chem Ges, 1907, 40: 1027-1047.

[62] Esatbeyoglu T, Wagner A E, Motafakkerazad R, et al. Free radical scavenging and antioxidant activity of betanin: electron spin resonance spectroscopy studies and studies in cultured cells [J]. Food Chem Toxicol, 2014, 73: 119-126.

[63] Fleet G H. Wine yeasts for the future [J]. FEMS Yeast Research, 2008, 8: 979-995.

[64] Fugelsang K C. The Lactic Acid Bacteria. In Wine Microbiology [M]. Boston: Springer US: 1997.

[65] Gandia-Herrero F, Garcia-Carmona F. Biosynthesis of betalains: yellow and violet plant pigments [J]. Trends Plant Sci, 2013, 18: 334-343.

[66] Garvie E I. *Leuconostoc oenos sp. nov* [J]. Journal of General Microbiology, 1967, 48: 431.

[67] Goncalves L C P, Genova B M D, Doerr F A, et al. Effect of dielectric microwave heating on the color and antiradical capacity of betanin [J]. Journal of Food Engineering, 2013, 118: 49-55.

[68] Granchi L, Budroni M, Rauhut D, et al. Yeasts in the Production of Wine [M]. Berlin: Springer, 2019.

[69] Harris J E. Pharmacology and toxicology [J]. AMA Archives of Ophthalmology, 1953, 50: 192-247.

[70] Hazelwood L A, Daran J M, van Maris A J, et al. The Ehrlich pathway for fusel alcohol production: a century of research on *Saccharomyces cerevisiae* metabolism [J]. Applied and Environmental Microbiology, 2008, 74: 2259-2266.

[71] He B, Zhang L L, Yue X Y, et al. Optimization of Ultrasound-assisted extraction of phenolic compounds and anthocyanins from blueberry (*Vaccinium ashei*) wine pomace [J]. Food Chem, 2016, 204: 70-76.

[72] Heerde E, Radler F. Metabolism of the anaerobic formation of succinic acid by *Saccharomyces cerevisiae* [J]. Archives of Microbiology, 1978, 117: 269-276.

[73] Hendry G A F, Houghton J D. Natural Food Colorants [M]. Berlin: Springer, 1996.

[74] Herbach K M, Stintzing F C, Carle R. Betalain stability and degradation—structural and chromatic aspects [J]. Journal of Food Science, 2006, 71: R41-R50.

[75] Hmad H B, Sarra K, Jemaa H B, et al. Antidiabetic and antioxidant effects of apple cider vinegar on normal and streptozotocin-induced diabetic rats [J]. Int J Vitam Nutr Res, 2018, 88: 223-233.

[76] Hou J, Qiu C, Shen Y, et al. Engineering of *Saccharomyces cerevisiae* for the efficient co-utilization of glucose and xylose [J]. FEMS yeast research, 2017, 17: H1.

[77] Hou Z, Yang H, Zhao Y, et al. Chemical characterization and comparison of two chestnut rose cultivars from different regions [J]. Food Chem, 2020, 323: 126806.

[78] Hua Q, Chen C, Zur N T, et al. Metabolomic characterization of pitaya fruit from three red-skinned cultivars with different pulp colors [J]. Plant Physiology and Biochemistry, 2018, 126: 117-125.

[79] Hudina M, Tampar F. Sugars and organic acids contents of European *Pyrus comminus L.* and Asian *Pyrus serotina r Rehd.* pear cultivars [J]. Acta Alimentaria, 2000, 29: 217-230.

[80] Hyson D A. A comprehensive review of apples and apple components and their relationship to human health [J]. Adv Nutr, 2011, 2: 408-420.

[81] Khan M I, Giridhar P. Enhanced chemical stability, chromatic properties and regeneration of betalains in *Rivina humilis L.* berry juice [J]. LWT-Food Science and Technology, 2014, 58: 649-657.

[82] Khan M I, Giridhar P. Plant betalains: Chemistry and biochemistry [J]. Phytochemistry, 2015, 117: 267-295.

[83] Kim B, Lee S G, Park Y K, et al. Blueberry, blackberry, and blackcurrant differentially affect plasma lipids and pro-inflammatory markers in diet-induced obesity mice [J]. Nutrition Research and Practice, 2016, 10: 494-500.

[84] Klerk J -L. Succinic acid production by wine yeasts [D]. University of Stellenbosch, 2010.

[85] Koch T C, Briviba K, Watzl B, et al. Prevention of colon carcinogenesis by apple juice *in vivo*: impact of juice constituents and obesity [J]. Molecular Nutrition & Food Research, 2009, 53: 1289-1302.

[86] Kumar P, Sethi S, Sharma R R, et al. Nutritional characterization of apple as a function of genotype [J]. J Food Sci Technol, 2018, 55: 2729-2738.

[87] Lee J, Cho E, Kwon H, et al. The fruit of crataegus pinnatifida ameliorates memory deficits in beta-amyloid protein-induced Alzheimer's disease mouse model [J]. Journal of Ethnopharmacology, 2019, 243: 112107.

[88] Li Y, Wang S, Sun Y, et al. Apple polysaccharide could promote the growth of *Bifidobacterium longum* [J]. International Journal of Biological Macromolecules, 2020, 152: 1186-1193.

[89] Lu X -m, Zhu Y. Changes of amino acids in *Rosa roxburghii* with maturity and nutritional value analysis [J]. Food Research and Development, 2020, 41: 12-16.

[90] Madadi E, Mazloum-Ravasan S, Yu J S, et al. Therapeutic application of betalains: a review [J]. Plants (Basel), 2020, 9: 219.

[91] Mannazzu I, Domizio P, Carboni G, et al. Yeast killer toxins: from ecological significance to application [J]. Critical Reviews in Biotechnology, 2019, 39: 603-617.

[92] Martins N, Roriz C L, Morales P, et al. Coloring attributes of betalains: a key emphasis on stability and future applications [J]. Food Funct, 2017, 8: 1357-1372.

[93] Mendes Ferreira A, Mendes-Faia A. The role of yeasts and lactic acid bacteria on the me-

tabolism of organic acids during winemaking [J]. Foods, 2020, 9: 1231.

[94] Michalska A, Lysiak G. Bioactive compounds of blueberries: post-harvest factors influencing the nutritional value of products [J]. Int J Mol Sci, 2015, 16: 18642-18663.

[95] Miller K, Feucht W, Schmid M. Bioactive compounds of strawberry and blueberry and their potential health effects based on human intervention studies: a brief overview [J]. Nutrients, 2019, 11: 1510.

[96] Mojsov K, Andronikov D, Janevski A, et al. Enzymes and wine: the enhanced quality and yield [J]. Savremene Tehnologije, 2015, 4: 94-100.

[97] Morata A, Escott C, Banuelos M A, et al. Contribution of non-*Saccharomyces yeasts* to wine freshness. A Review [J]. Biomolecules, 2019, 10: 34.

[98] Moyer R A, Hummer K E, Finn C E, et al. Anthocyanins, phenolics, and antioxidant capacity in diverse small fruits: vaccinium, rubus, and ribes [J]. Journal of Agricultural and Food Chemistry, 2002, 50, 519-525.

[99] Muller D, Schantz M, Richling E. High performance liquid chromatography analysis of anthocyanins in bilberries (*Vaccinium myrtillus L.*), blueberries (*Vaccinium corymbosum L.*), and corresponding juices [J]. Journal of Food Science, 2012, 77: C340-345.

[100] Naouri P, Chagnaud P, Arnaud A, et al. Purification and properties of a malolactic enzyme from *Leuconostoc oenos* ATCC 23278 [J]. J Basic Microbiol, 1990: 30: 577-585.

[101] Ngamwonglumlert L, Devahastin S, Chiewchan N. Natural colorants: Pigment stability and extraction yield enhancement via utilization of appropriate pretreatment and extraction methods [J]. Crit Rev Food Sci Nutr, 2011, 57: 3243-3259.

[102] Otalora M C, Carriazo J G, Iturriaga L, et al. Encapsulating betalains from Opuntia ficus-indica fruits by ionic gelation: Pigment chemical stability during storage of beads [J]. Food Chem, 2016, 202: 373-382.

[103] Park S H, Kim S, Hahn J S. Metabolic engineering of *Saccharomyces cerevisiae for* the production of isobutanol and 3-methyl-1-butanol [J]. Applied Microbiology and Biotechnology, 2014, 98: 9139-9147.

[104] Porter T J, Divol B, Setati M E. Lachancea yeast species: Origin, biochemical characteristics and oenological significance [J]. Food Research International, 2019, 119: 378-389.

[105] Querol A, Perez-Torrado R, Alonso-Del-Real J, et al. New trends in the uses of yeasts in oenology [J]. Advances in Food and Nutrition Research, 2018, 85: 177-210.

[106] Radler F. Yeasts-metabolism of organic acids [J]. Wine Microbiology and Biotechnology, 1993: 165-182.

[107] Rahimi P, Abedimanesh S, Mesbah-Namin S A, et al. Betalains, the nature-inspired pigments, in health and diseases [J]. Crit Rev Food Sci Nutr, 2019, 59: 2949-2978.

[108] Rahman M S, Perera C O. Handbook of Food Preservation (Second Edition) [M]. Boca Raton: Crc Press, 2007.

[109] Ramassamy C. Emerging role of polyphenolic compounds in the treatment of neurodegenerative diseases: a review of their intracellular targets [J]. European Journal of Pharmacology, 2006, 545: 51-64.

[110] Ramon C, Teresa V M, Albert B, et al. Inhibitory effect of sulfur dioxide and other stress compounds in wine on the ATPase activity of *Oenococcus oeni* [J]. FEMS Microbiology Letters, 2002, 211: 155−159.

[111] Reshmi S K, Aravindhan K M, Suganya P. The effect of light, temperature, pH on stability of betacyanin pigments in *Basella alba* fruit [J]. Asian Journal of Pharmaceutical and Clinical Research, 2012, 5: 107−110.

[112] Reynoso R, Garcia F A, Morales D, et al. Stability of betalain pigments from a cactacea fruit [J]. Journal of Agricultural and Food Chemistry, 1997, 45: 2884−2889.

[113] Ribéreau G P, Dubourdieu D, Donèche B, et al. The Microbiology of Wine and Vinifications [M]. New York: Wiley, 2006.

[114] Rimando A M, Kalt W, Magee J B, et al. Resveratrol, pterostilbene, and piceatannol in vaccinium berries [J]. Journal of Agricultural and Food Chemistry, 2004, 52: 4713−4719.

[115] Rothwell J A, Perez−Jimenez J, Neveu V, et al. Phenol−Explorer 3. 0: a major update of the Phenol−explorer database to incorporate data on the effects of food processing on polyphenol content [J]. Database (Oxford), 2013: bat070.

[116] Roullier−Gall C, David V, Hemmler D, et al. Exploring yeast interactions through metabolic profiling [J]. Scientific Reports, 2020, 10: 6073.

[117] Ruiz P, Izquierdo P M, Sesena S, ia E G, et al. Malolactic fermentation and secondary metabolite production by *Oenoccocus oeni* strains in low pH wines [J]. Journal of Food Science, 2012, 77: M579−M585.

[118] Saavedra E, Encalada R, Vazquez C, et al. Control and regulation of the pyrophosphate−dependent glucose metabolism in *Entamoeba histolytica* [J]. Mol Biochem Parasitol, 2019, 229: 75−87.

[119] Santiago B. The impacts of *Lachancea thermotolerans* yeast strains on winemaking [J]. Applied Microbiology & Biotechnology, 2018, 102: 6775−6790.

[120] Seeram N P, Adams L S, Zhang Y, et al. Blackberry, black raspberry, blueberry, cranberry, red raspberry, and strawberry extracts inhibit growth and stimulate apoptosis of human cancer cells in vitro [J]. Journal of Agricultural and Food Chemistry, 2006, 54: 9329−9339.

[121] Serra A T, Poejo J, Matias, A A, et al. Evaluation of *Opuntia* spp. derived products as an Tiproliferative agents in human colon cancer cell line (HT29) [J]. Food Research International, 2013, 54: 892−901.

[122] Siebert K J. Haze in beverages [J]. Adv Food Nutr Res, 2009, 57: 53−86.

[123] Da Silveira M G, Abee T. Activity of ethanol−stressed *Oenococcus oeni* cells: a flow cytometric approach [J]. Journal of Applied Microbiology, 2009, 106: 1690−1696.

[124] Skinner R C, Gigliotti J C, Ku K M, et al. A comprehensive analysis of the composition, health benefits, and safety of apple pomace [J]. Nutr Rev, 2018, 76: 893−909.

[125] Stintzing F C, Carle R. Betalains in food: occurrence, stability, and postharvest modifications [J]. Universitat Hohen Heim, 2008: 277−299.

[126] Strack D, Vogt T, Schliemann W. Recent advances in betalain research [J]. Phytochemistry, 2003, 62: 247−269.

［127］ Suh D H, Lee S, Heo D Y, et al. Metabolite profiling of red and white pitayas (*Hylocereus polyrhizus* and *Hylocereus undatus*) for comparing betalain biosynthesis and antioxidant activity ［J］. Journal of Agricultural & Food Chemistry, 2014, 62: 8764-8771.

［128］ Taillefer M, Sparling R. Glycolysis as the central core of fermentation ［J］. Adv Biochem Eng Biotechnol, 2016, 156: 55-77.

［129］ Tamura Y, Tomiya S, Takegaki J, et al. Apple polyphenols induce browning of white adipose tissue ［J］. The Journal of Nutritional Biochemistry, 2020, 77: 108299.

［130］ Timoneda A, Feng T, Sheehan H, et al. The evolution of betalain biosynthesis in Caryophyllales ［J］. New Phytol, 2019, 224: 71-85.

［131］ Tourdot-Maréchal. Acid sensitivity of neomycin-resistant mutants of *Oenococcus oeni*: a relationship between reduction of ATPase activity and lack of malolactic activity ［J］. FEMS microbiology letters, 1999, 178: 319-326.

［132］ USDA ［EB/OL］. https://www. usda. gov.

［133］ Wang L, Li C, Huang Q, et al. Polysaccharide from *Rosa roxburghii Tratt* fruit attenuates hyperglycemia and hyperlipidemia and regulates colon microbiota in diabetic db/db mice ［J］. Journal of Agricultural and Food Chemistry, 2020, 68: 147-159.

［134］ Wen L, Guo R, You L, et al. Major triterpenoids in Chinese hawthorn " Crataegus pinnatifida" and their effects on cell proliferation and apoptosis induction in MDA-MB-231 cancer cells ［J］. Food and Chemical Toxicology: An International Journal Published for the British Industrial Biological Research Association, 2017, 100: 149-160.

［135］ Whiting G C. Organic acid metabolism of yeasts during fermentation of alcoholic beverages—a review ［J］. Journal of the Institute of Brewing, 1976, 82: 84-92.

［136］ Wong Y M, Siow L F. Effects of heat, pH, antioxidant, agitation and light on betacyanin stability using red-fleshed dragon fruit (*Hylocereus polyrhizus*) juice and concentrate as models ［J］. J Food Sci Technol, 2015, 52: 3086-3092.

［137］ Wu Y, Xu J, He Y, et al. Metabolic profiling of pitaya (*Hylocereus polyrhizus*) during fruit development and maturation ［J］. Molecules, 2019, 24: 1114.

［138］ Xu J, Vidyarthi S K, Bai W, et al. Nutritional constituents, health benefits and processing of *Rosa roxburghii*: A review ［J］. Journal of Functional Foods, 2019, 60: 103456.

［139］ Xu P, Liu X, Xiong X, et al. Flavonoids of *Rosa roxburghii Tratt* exhibit anti-apoptosis properties by regulating PARP-1/AIF ［J］. Journal of Cellular Biochemistry, 2017, 118: 3943-3952.

［140］ Xu S J, Zhang F, Wang L J, et al. Flavonoids of *Rosa roxburghii Tratt* offers protection against radiation induced apoptosis and inflammation in mouse thymus ［J］. Apoptosis : An International Journal on Programmed Cell Death, 2018, 23: 470-483.

［141］ Yang H, Cai G, Lu J, et al. The production and application of enzymes related to the quality of fruit wine ［J］. Critical Reviews in Food Science and Nutrition, 2021, 61: 1605-1615.

［142］ Ye M, Yue T, Yuan Y. Evolution of polyphenols and organic acids during the fermentation of apple cider ［J］. J Sci Food Agric, 2014, 94: 2951-2957.

［143］ Ye S, Kim J W, Kim S R. Metabolic engineering for improved fermentation of l-arabinose [J]. J Microbiol Biotechnol, 2019, 29: 339-346.

[144] Yu Z H, Li J Q, He S C, et al. Winemaking characteristics of red-fleshed dragon fruit from three locations in Guizhou province, China [J]. Food Sci Nutr, 2021, 9: 2508-2516.

[145] Zhang H, Woodams E E, Hang Y D. Factors affecting the methanol content and yield of plum brandy [J]. Journal of Food Science, 2012, 77: T79-T82.

[146] Zhang Y, Li R, Cheng R. Developmental changes of carbohydrates, organic acids, amino acids, and phenolic compounds in 'Honeycrisp' apple flesh [J]. Food Chemistry, 2010, 123: 1013-1018.

[147] Zielinska-Przyjemska M, Olejnik A, Dobrowolska-Zachwieja A, et al. DNA damage and apoptosis in blood neutrophils of inflammatory bowel disease patients and in Caco-2 cells *in vitro* exposed to betanin [J]. Postepy Hig Med Dosw (Online), 2016, 70: 265-271.

[148] Zielinska-Przyjemska M, Olejnik A, Kostrzewa A, et al. The beetroot component betanin modulates ROS production, DNA damage and apoptosis in human polymorphonuclear neutrophils [J]. Phytother Res, 2012, 26: 845-852.

[149] Zou D M, Brewer M, Garcia F, et al. Cactus pear: a natural product in cancer chemoprevention [J]. Nutrition Journal, 2005, 4: 25.

附录一 "例"目录

附录二 通用式发酵罐系列尺寸

公称容积	罐内径/mm	圆柱高 H_0/mm	封头高 h/mm	罐体总高 H/mm	封头容积	圆柱部分容积	不计上封头的容积	全容积	搅拌桨直径 D_t/mm	搅拌转速/(r/min)	电动机功率/kW	搅拌轴直径/mm	冷却方式
50L	320	640	105	850	6.3L	52L	58.3L	64.6L	112	470	0.4	25	夹套
100L	400	800	125	1050	11.5L	100L	112L	123L	135	400	0.4	25	夹套
200L	500	1000	150	1300	21.3L	197L	218L	239L	168	360	0.6	25	夹套
500L	700	1400	200	1800	54.5L	540L	595L	649L	245	265	1.1	35	夹套
1.0m³	900	1800	250	2300	0.112m³	1.14m³	1.25m³	1.36m³	315	220	1.5	35	夹套
5.0m³	1500	3000	400	3800	0.487m³	5.3m³	5.79m³	6.27m³	525	160	5.5	50	夹套
10m³	1800	3600	475	4550	0.826m³	9.15m³	9.98m³	10.8m³	630	145	13	65	夹套或列管
20m³	2300	4600	615	5830	1.76m³	19.1m³	20.86m³	22.6m³	770	125	23	80	列管
50m³	3100	6200	815	7830	4.2m³	46.8m³	51m³	55.2m³	1050	110	55	110	列管
100m³	4000	8000	1040	10080	9.02m³	100m³	109m³	118m³	1350	△	△	△	列管
200m³	5000	10000	1300	12600	16.4m³	197m³	213m³	230m³	1700	△	△	△	列管

注：本表以谷氨酸发酵罐为依据（采用两组六弯叶搅拌桨）；100m³以上的发酵罐需考虑传导方式，故有△的几项未列入；果酒发酵罐需配置温控设备。

附录三 20℃时糖浆白利度与相对密度关系表

白利度/°Bx	相对密度	100mL糖液中含糖量/g	白利度/°Bx	相对密度	100mL糖液中含糖量/g	白利度/°Bx	相对密度	100mL糖液中含糖量/g
5.0	1.01680	5.089	8.0	1.02888	8.240	11.0	1.04123	11.465
5.1	1.01719	5.193	8.1	1.02929	8.346	11.1	1.04165	11.574
5.2	1.01759	5.297	8.2	1.02970	8.452	11.2	1.04207	11.683
5.3	1.01799	5.401	8.3	1.03011	8.559	11.3	1.04248	11.792
5.4	1.01839	5.506	8.4	1.03052	8.665	11.4	1.04290	11.901
5.5	1.01879	5.609	8.5	1.03093	8.772	11.5	1.04332	12.010
5.6	1.01919	5.713	8.6	1.03133	8.879	11.6	1.04373	12.120
5.7	1.01959	5.818	8.7	1.03174	8.985	11.7	1.04415	12.229
5.8	1.01999	5.922	8.8	1.03215	9.092	11.8	1.04457	12.338
5.9	1.02040	6.027	8.9	1.03256	9.199	11.9	1.04499	12.448
6.0	1.02080	6.131	9.0	1.03297	9.306	12.0	1.04541	12.558
6.1	1.02120	6.236	9.1	1.03338	9.413	12.1	1.04583	12.667
6.2	1.02160	6.340	9.2	1.03379	9.521	12.2	1.04625	12.777
6.3	1.02200	6.445	9.3	1.03420	9.628	12.3	1.04667	12.887
6.4	1.02241	6.550	9.4	1.03461	9.735	12.4	1.04709	12.997
6.5	1.02281	6.655	9.5	1.03503	9.843	12.5	1.04750	13.107
6.6	1.02321	6.760	9.6	1.03544	9.950	12.6	1.04793	13.217
6.7	1.02362	6.865	9.7	1.03585	10.058	12.7	1.04835	13.327
6.8	1.02402	6.971	9.8	1.03626	10.166	12.8	1.04877	13.438
6.9	1.02442	7.076	9.9	1.03667	10.274	12.9	1.04919	13.548
7.0	1.02483	7.181	10.0	1.03709	10.381	13.0	1.04961	13.659
7.1	1.02523	7.287	10.1	1.03750	10.389	13.1	1.05003	13.769
7.2	1.02564	7.392	10.2	1.03791	10.597	13.2	1.05046	13.880
7.3	1.02604	7.498	10.3	1.03833	10.706	13.3	1.05088	13.991
7.4	1.02645	7.604	10.4	1.03874	10.814	13.4	1.05130	14.102
7.5	1.02685	7.709	10.5	1.03716	10.922	13.5	1.05172	14.213
7.6	1.02726	7.815	10.6	1.03957	11.031	13.6	1.05215	14.324
7.7	1.02766	7.921	10.7	1.03999	11.139	13.7	1.05257	14.435
7.8	1.02807	8.027	10.8	1.04040	11.248	13.8	1.05300	14.546
7.9	1.02848	8.133	10.9	1.04082	11.356	13.9	1.05342	14.657

续表

白利度/°Bx	相对密度	100mL 糖液中含糖量/g	白利度/°Bx	相对密度	100mL 糖液中含糖量/g	白利度/°Bx	相对密度	100mL 糖液中含糖量/g
14.0	1.05385	14.769	17.0	1.06674	18.152	20.0	1.07991	21.619
14.1	1.05427	14.880	17.1	1.06717	18.267	20.1	1.08035	21.736
14.2	1.05470	14.992	17.2	1.06761	18.381	20.2	1.08080	21.853
14.3	1.06612	15.103	17.3	1.06804	18.495	20.3	1.08124	21.971
14.4	1.05555	15.215	17.4	1.06848	18.610	20.4	1.08169	22.085
14.5	1.05598	15.327	17.5	1.06894	18.724	20.5	1.08213	22.205
14.6	1.05640	15.439	17.6	1.06935	18.839	20.6	1.08258	22.323
14.7	1.05683	15.551	17.7	1.06978	18.954	20.7	1.08302	22.440
14.8	1.05726	15.663	17.8	1.07022	19.069	20.8	1.08347	22.558
14.9	1.05768	15.775	17.9	1.07066	19.184	20.9	1.08392	22.676
15.0	1.05811	15.837	18.0	1.07110	19.299	21.0	1.08436	22.794
15.1	1.05851	16.000	18.1	1.07153	19.414	21.1	1.08481	22.912
15.2	1.05897	16.112	18.2	1.07197	19.529	21.2	1.08526	23.030
15.3	1.05940	16.225	18.3	1.07241	19.644	21.3	1.08571	23.148
15.4	1.05983	16.338	18.4	1.07285	19.760	21.4	1.08616	23.266
15.5	1.06026	16.450	18.5	1.07329	19.875	21.5	1.08660	23.385
15.6	1.06069	16.563	18.6	1.07373	19.991	21.6	1.08705	23.503
15.7	1.06112	16.676	18.7	1.07417	20.107	21.7	1.08750	23.622
15.8	1.06155	16.789	18.8	1.07461	20.222	21.8	1.08795	23.740
15.9	1.06198	16.902	18.9	1.07505	20.338	21.9	1.08840	23.859
16.0	1.06241	17.015	19.0	1.07549	20.454	22.0	1.08885	23.977
16.1	1.06284	17.129	19.1	1.07593	20.570	22.1	1.08930	24.097
16.2	1.06327	17.242	19.2	1.07637	20.686	22.2	1.08975	24.216
16.3	1.06370	17.356	19.3	1.07681	20.803	22.3	1.09020	24.335
16.4	1.06414	17.469	19.4	1.07725	20.919	22.4	1.09066	24.454
16.5	1.06457	17.583	19.5	1.07769	21.036	22.5	1.09111	24.573
16.6	1.06500	17.697	19.6	1.07814	21.152	22.6	1.09156	24.693
16.7	1.06544	17.810	19.7	1.07858	21.269	22.7	1.09201	24.812
16.8	1.06587	17.924	19.8	1.07902	21.385	22.8	1.09247	24.932
16.9	1.06630	18.033	19.9	1.07947	21.502	22.9	1.09292	25.052

续表

白利度/°Bx	相对密度	100mL 糖液中含糖量/g	白利度/°Bx	相对密度	100mL 糖液中含糖量/g	白利度/°Bx	相对密度	100mL 糖液中含糖量/g
23.0	1.09337	25.172	26.0	1.10713	28.813	29.0	1.12119	32.545
23.1	1.09383	25.292	26.1	1.10759	28.936	29.1	1.12166	32.671
23.2	1.09428	25.412	26.2	1.10808	29.059	29.2	1.12214	32.797
23.3	1.09473	25.532	26.3	1.10852	29.182	29.3	1.12261	32.923
23.4	1.09519	25.652	26.4	1.10899	29.305	29.4	1.12308	33.040
23.5	1.09564	25.772	26.5	1.10945	29.428	29.5	1.12536	33.176
23.6	1.09610	25.893	26.6	1.10992	29.552	29.6	1.12404	33.302
23.7	1.09656	26.013	26.7	1.11038	29.675	29.7	1.12451	33.429
23.8	1.09701	26.134	26.8	1.11085	29.799	29.8	1.12499	33.556
23.9	1.09747	26.255	26.9	1.11131	29.923	29.9	1.12546	33.683
24.0	1.09792	26.375	27.0	1.11178	30.046	30.0	1.12594	33.810
24.1	1.09838	26.496	27.1	1.11225	30.170	30.1	1.12642	33.937
24.2	1.09884	26.617	27.2	1.11272	30.294	30.2	1.26900	34.064
24.3	1.09930	26.738	27.3	1.11318	30.418	30.3	1.12737	34.191
24.4	1.09976	26.860	27.4	1.11365	30.543	30.4	1.12785	34.318
24.5	1.10021	26.981	27.5	1.11412	30.667	30.5	1.12833	34.446
24.6	1.10067	27.102	27.6	1.11459	30.792	30.6	1.12881	34.574
24.7	1.10113	27.224	27.7	1.11596	30.916	30.7	1.12929	34.701
24.8	1.10159	27.345	27.8	1.11553	31.041	30.8	1.12977	34.829
24.9	1.10205	27.467	27.9	1.11600	31.165	30.9	1.13025	34.957
25.0	1.10251	27.589	28.0	1.11647	31.290	31.0	1.13073	35.085
25.1	1.10297	27.710	28.1	1.11694	31.415	31.1	1.13121	35.213
25.2	1.10343	27.833	28.2	1.11741	31.540	31.2	1.13169	35.341
25.3	1.10389	27.955	28.3	1.11788	31.666	31.3	1.13217	35.470
25.4	1.10435	28.077	28.4	1.11835	31.791	31.4	1.13266	35.598
25.5	1.10482	28.199	28.5	1.11882	31.916	31.5	1.13314	35.727
25.6	1.10528	28.322	28.6	1.11929	32.042	31.6	1.13362	35.855
25.7	1.10574	28.444	28.7	1.11977	32.167	31.7	1.13410	35.984
25.8	1.10620	28.567	28.8	1.12024	32.293	31.8	1.13459	36.113
25.9	1.10667	28.690	28.9	1.12071	32.419	31.9	1.13507	36.242

续表

白利度/°Bx	相对密度	100mL糖液中含糖量/g	白利度/°Bx	相对密度	100mL糖液中含糖量/g	白利度/°Bx	相对密度	100mL糖液中含糖量/g
32.0	1.13555	36.371	35.0	1.15024	40.295	38.0	1.16523	44.318
32.1	1.13604	36.500	35.1	1.15073	40.427	38.1	1.16574	44.454
32.2	1.13652	36.630	35.2	1.15123	40.556	38.2	1.16624	44.590
32.3	1.13701	36.759	35.3	1.15172	40.692	38.3	1.16675	44.726
32.4	1.13749	36.889	35.4	1.15222	40.825	38.4	1.16726	44.862
32.5	1.13798	37.018	35.5	1.15271	40.958	38.5	1.16776	44.999
32.6	1.13846	37.148	35.6	1.15321	41.091	38.6	1.16827	45.135
32.7	1.13895	37.278	35.7	1.15371	41.224	38.7	1.16878	45.272
32.8	1.13944	37.408	35.8	1.15420	41.358	38.8	1.16929	45.408
32.9	1.13992	37.538	35.9	1.15470	41.491	38.9	1.16979	45.545
33.0	1.14041	37.668	36.0	1.15520	41.625	39.0	1.17030	45.682
33.1	1.14090	37.798	36.1	1.15770	41.758	39.1	1.17081	45.819
33.2	1.14139	37.929	36.2	1.15620	41.892	39.2	1.17132	45.956
33.3	1.14188	38.059	36.3	1.15669	42.026	39.3	1.17183	46.094
33.4	1.14236	38.190	36.4	1.15719	42.160	39.4	1.17234	46.231
33.5	1.14285	38.320	36.5	1.15769	42.294	39.5	1.17285	46.369
33.6	1.14334	38.451	36.6	1.15819	42.428	39.6	1.17336	46.506
33.7	1.14384	38.582	36.7	1.15869	42.562	39.7	1.17387	46.644
33.8	1.14432	38.713	36.8	1.15919	42.697	39.8	1.17439	46.782
33.9	1.14481	38.844	36.9	1.15970	42.831	39.9	1.17490	46.920
34.0	1.14530	38.976	37.0	1.16020	42.966	40.0	1.17541	47.058
34.1	1.14580	39.107	37.1	1.16070	43.100	40.1	1.17593	47.196
34.2	1.14629	39.239	37.2	1.16121	43.235	40.2	1.17644	47.334
34.3	1.14678	39.370	37.3	1.16170	43.370	40.3	1.17695	47.473
34.4	1.14727	39.502	37.4	1.16221	43.505	40.4	1.17747	47.611
34.5	1.14776	39.634	37.5	1.16271	43.641	40.5	1.17798	47.750
34.6	1.14826	39.767	37.6	1.16321	43.776	40.6	1.17849	47.889
34.7	1.14875	39.898	37.7	1.16372	43.911	40.7	1.17901	48.028
34.8	1.14925	40.030	37.8	1.16422	44.047	40.8	1.17953	48.167
34.9	1.14974	40.162	37.9	1.16473	44.182	40.9	1.18004	48.306

续表

白利度/°Bx	相对密度	100mL 糖液中含糖量/g	白利度/°Bx	相对密度	100mL 糖液中含糖量/g	白利度/°Bx	相对密度	100mL 糖液中含糖量/g
41.0	1.18056	48.445	44.0	1.19622	52.679	47.0	1.21221	57.022
41.1	1.18107	48.585	44.1	1.19674	52.822	47.1	1.21275	57.169
41.2	1.18159	48.724	44.2	1.19727	52.965	47.2	1.21329	57.316
41.3	1.18211	48.862	44.3	1.19780	53.108	47.3	1.21383	57.463
41.4	1.18263	49.004	44.4	1.19833	53.252	47.4	1.21437	57.610
41.5	1.18314	49.143	44.5	1.19886	53.395	47.5	1.21491	57.757
41.6	1.18356	49.283	44.6	1.19939	53.539	47.6	1.21545	57.934
41.7	1.18418	49.424	44.7	1.19992	53.683	47.7	1.21599	58.052
41.8	1.18470	49.564	44.8	1.20045	53.826	47.8	1.21653	58.199
41.9	1.18522	49.704	44.9	1.20098	53.970	47.9	1.21707	58.347
42.0	1.18574	49.845	45.0	1.20151	54.114	48.0	1.21761	58.495
42.1	1.18626	49.985	45.1	1.20204	54.259	48.1	1.21816	58.643
42.2	1.18678	50.126	45.2	1.20257	54.403	48.2	1.21870	58.791
42.3	1.18730	50.267	45.3	1.20311	54.547	48.3	1.21924	58.939
42.4	1.18782	50.408	45.4	1.20364	54.692	48.4	1.21979	59.087
42.5	1.18835	50.549	45.5	1.20417	54.837	48.5	1.22033	59.236
42.6	1.18887	50.690	45.6	1.20470	54.981	48.6	1.22088	59.385
42.7	1.18939	50.831	45.7	1.20524	55.126	48.7	1.22142	59.533
42.8	1.18991	50.973	45.8	1.20577	55.272	48.8	1.22197	59.682
42.9	1.19044	51.114	45.9	1.20630	55.417	48.9	1.22254	59.831
43.0	1.19096	51.256	46.0	1.20684	55.562	49.0	1.22306	59.980
43.1	1.19148	51.398	46.1	1.20737	55.708	49.1	1.22360	60.129
43.2	1.19201	51.539	46.2	1.20791	55.853	49.2	1.22415	60.279
43.3	1.19253	51.681	46.3	1.20845	55.999	49.3	1.22470	60.428
43.4	1.19306	51.824	46.4	1.20898	56.145	49.4	1.22525	60.578
43.5	1.19358	51.966	46.5	1.20592	56.291	49.5	1.22580	60.728
43.6	1.19411	52.108	46.6	1.21006	56.437	49.6	1.22634	60.878
43.7	1.19483	52.251	46.7	1.21059	56.583	49.7	1.22689	61.028
43.8	1.19516	52.393	46.8	1.21113	56.729	49.8	1.22744	61.178
43.9	1.19569	52.536	46.9	1.21167	56.876	49.9	1.22799	61.328

续表

白利度/°Bx	相对密度	100mL 糖液中含糖量/g	白利度/°Bx	相对密度	100mL 糖液中含糖量/g	白利度/°Bx	相对密度	100mL 糖液中含糖量/g
50.0	1.22854	61.478	53.0	1.24521	66.050	56.0	1.26222	70.742
50.1	1.22909	61.629	53.1	1.24577	66.205	56.1	1.26279	70.900
50.2	1.22964	61.780	53.2	1.24633	66.359	56.2	1.26337	71.059
50.3	1.23019	61.930	53.3	1.24690	66.514	56.3	1.26394	71.217
50.4	1.23074	62.081	53.4	1.24746	66.669	56.4	1.26452	71.376
50.5	1.23130	62.232	53.5	1.24802	66.824	56.5	1.26509	71.535
50.6	1.23185	62.383	53.6	1.24858	66.979	56.6	1.26566	71.694
50.7	1.23240	62.535	53.7	1.24915	67.134	56.7	1.26624	71.854
50.8	1.23295	62.686	53.8	1.24971	67.290	56.8	1.26682	72.013
50.9	1.23351	62.838	53.9	1.25028	67.445	56.9	1.26739	72.173
51.0	1.23406	62.989	54.0	1.25084	67.601	57.0	1.26797	72.332
51.1	1.23461	63.141	54.1	1.25141	67.757	57.1	1.26854	72.492
51.2	1.23517	63.293	54.2	1.25197	67.912	57.2	1.26912	72.652
51.3	1.23572	63.445	54.3	1.25254	68.069	57.3	1.26970	72.812
51.4	1.23628	63.597	54.4	1.25311	68.225	57.4	1.27028	72.973
51.5	1.23683	63.750	54.5	1.25367	68.381	57.5	1.27086	73.133
51.6	1.23738	63.902	54.6	1.25424	68.537	57.6	1.27143	73.293
51.7	1.23794	64.055	54.7	1.25481	68.694	57.7	1.27201	73.454
51.8	1.23850	64.208	54.8	1.25538	68.851	57.8	1.27259	73.615
51.9	1.23906	64.360	54.9	1.25594	69.008	57.9	1.27317	73.776
52.0	1.23962	64.513	55.0	1.25651	69.164	58.0	1.27375	73.937
52.1	1.24017	64.666	55.1	1.25708	69.322	58.1	1.27433	74.098
52.2	1.24073	64.820	55.2	1.25765	69.479	58.2	1.27492	74.260
52.3	1.24129	64.973	55.3	1.25822	69.636	58.3	1.27550	74.421
52.4	1.24185	65.127	55.4	1.25879	69.794	58.4	1.27608	74.583
52.5	1.24241	65.280	55.5	1.25936	69.951	58.5	1.27664	74.744
52.6	1.24297	65.433	55.6	1.25993	70.109	58.6	1.27724	74.906
52.7	1.24353	65.588	55.7	1.26050	70.267	58.7	1.27782	75.068
52.8	1.24409	65.742	55.8	1.26108	70.425	58.8	1.27841	75.230
52.9	1.24465	65.896	55.9	1.26165	70.583	58.9	1.27899	75.393

续表

白利度/°Bx	相对密度	100mL 糖液中含糖量/g	白利度/°Bx	相对密度	100mL 糖液中含糖量/g	白利度/°Bx	相对密度	100mL 糖液中含糖量/g
59.0	1.27958	75.555	60.3	1.28720	77.680	61.6	1.29489	79.828
59.1	1.28017	75.718	60.4	1.28779	77.844	61.7	1.29548	79.995
59.2	1.28075	75.880	60.5	1.28838	78.009	61.8	1.29608	80.161
59.3	1.28134	76.043	60.6	1.28897	78.173	61.9	1.29667	80.328
59.4	1.28193	76.207	60.7	1.28956	78.338	62.0	1.29726	80.494
59.5	1.28251	76.369	60.8	1.29015	78.503	62.1	1.29786	80.661
59.6	1.28309	76.533	60.9	1.29074	78.668	62.2	1.29845	80.828
59.7	1.28367	76.696	61.0	1.29133	78.833	62.3	1.29905	80.995
59.8	1.28426	76.860	61.1	1.29193	78.999	62.4	1.29965	81.162
59.9	1.28484	77.024	61.2	1.29252	79.165	62.5	1.30025	81.329
60.0	1.28544	77.188	61.3	1.29311	79.330	62.6	1.30085	81.497
60.1	1.28602	77.351	61.4	1.29370	79.496	62.7	1.30145	81.665
60.2	1.28661	77.515	61.5	1.29430	79.662	62.8	1.30205	81.833

附录四 酒精体积分数、质量分数、密度对照表 (20℃)

体积分数	质量分数	密度/（g/mL）	体积分数	质量分数	密度/（g/mL）
0.0	0.0000	0.99823	2.6	2.0636	0.99443
0.1	0.0791	0.99808	2.7	2.1433	0.99428
0.2	0.1582	0.99793	2.8	2.2230	0.99414
0.3	0.2373	0.99779	2.9	2.3027	0.99399
0.4	0.3163	0.99764	3.0	2.3825	0.99385
0.5	0.3956	0.99749	3.1	2.4622	0.99371
0.6	0.4748	0.99734	3.2	2.5420	0.99357
0.7	0.5540	0.99719	3.3	2.6218	0.99343
0.8	0.6333	0.99705	3.4	2.7016	0.99329
0.9	0.7126	0.99690	3.5	2.7815	0.99315
1.0	0.7918	0.99675	3.6	2.8614	0.99300
1.1	0.8712	0.99660	3.7	2.9413	0.99286
1.2	0.9505	0.99646	3.8	3.0212	0.99272
1.3	1.0299	0.99631	3.9	3.1012	0.99258
1.4	1.1092	0.99617	4.0	3.1811	0.99244
1.5	1.1386	0.99602	4.1	3.2611	0.99230
1.6	1.2681	0.99587	4.2	3.3411	0.99216
1.7	1.3475	0.99573	4.3	3.4211	0.99203
1.8	1.4270	0.99558	4.4	3.5012	0.99189
1.9	1.5065	0.99544	4.5	3.5813	0.99175
2.0	1.5860	0.99529	4.6	3.6614	0.99161
2.1	1.6655	0.99515	4.7	3.7415	0.99147
2.2	1.7451	0.99500	4.8	3.8216	0.99134
2.3	1.8247	0.99486	4.9	3.9018	0.99120
2.4	1.9043	0.99471	5.0	3.9819	0.99106
2.5	1.9839	0.99457	5.1	4.0621	0.99093

续表

体积分数	质量分数	密度/（g/mL）	体积分数	质量分数	密度/（g/mL）
5. 2	4. 1424	0. 99079	8. 6	6. 8810	0. 98645
5. 3	4. 2226	0. 99066	8. 7	6. 9618	0. 98633
5. 4	4. 3028	0. 99053	8. 8	7. 0427	0. 98621
5. 5	4. 3831	0. 99040	8. 9	7. 1237	0. 98608
5. 6	4. 4634	0. 99026	9. 0	7. 2046	0. 98596
5. 7	4. 5437	0. 99013	9. 1	7. 2855	0. 98584
5. 8	4. 6240	0. 99000	9. 2	7. 3665	0. 98572
5. 9	4. 7044	0. 98986	9. 3	7. 4475	0. 98560
6. 0	4. 7848	0. 98973	9. 4	7. 5285	0. 98548
6. 1	4. 8651	0. 98960	9. 5	7. 6095	0. 98536
6. 2	4. 9456	0. 98947	9. 6	7. 6905	0. 98524
6. 3	5. 0259	0. 98935	9. 7	7. 7716	0. 98512
6. 4	5. 1064	0. 98922	9. 8	7. 8526	0. 98500
6. 5	5. 1868	0. 98909	9. 9	7. 9337	0. 98488
6. 6	5. 2673	0. 98896	10. 0	8. 0148	0. 98476
6. 7	5. 3478	0. 98883	10. 1	8. 1060	0. 98464
6. 8	5. 4283	0. 98871	10. 2	8. 1771	0. 98452
6. 9	5. 5089	0. 98858	10. 3	8. 2583	0. 98440
7. 0	5. 5894	0. 98845	10. 4	8. 3395	0. 98428
7. 1	5. 6701	0. 98832	10. 5	8. 4207	0. 98416
7. 2	5. 7506	0. 98820	10. 6	8. 5020	0. 98404
7. 3	5. 8312	0. 98807	10. 7	8. 5832	0. 98392
7. 4	5. 9118	0. 98795	10. 8	8. 6645	0. 98380
7. 5	5. 9925	0. 98782	10. 9	8. 7458	0. 98368
7. 6	6. 0732	0. 98769	11. 0	8. 8271	0. 98356
7. 7	6. 1539	0. 98757	11. 1	8. 9084	0. 98344
7. 8	6. 2346	0. 98744	11. 2	8. 9897	0. 98333
7. 9	6. 3153	0. 98732	11. 3	9. 0711	0. 98321
8. 0	6. 3961	0. 98719	11. 4	9. 1524	0. 98309
8. 1	6. 4768	0. 98707	11. 5	9. 2338	0. 98298
8. 2	6. 5577	0. 98694	11. 6	9. 3152	0. 98286
8. 3	6. 6384	0. 98682	11. 7	9. 3966	0. 98274
8. 4	6. 7192	0. 98670	11. 8	9. 4781	0. 98262
8. 5	6. 8001	0. 98658	11. 9	9. 5595	0. 98251

续表

体积分数	质量分数	密度/（g/mL）	体积分数	质量分数	密度/（g/mL）
12.0	9.6410	0.98239	15.4	12.4214	0.97853
12.1	9.7225	0.98227	15.5	12.5035	0.97842
12.2	9.8040	0.98216	15.6	12.5856	0.97831
12.3	9.8856	0.98204	15.7	12.6677	0.97820
12.4	9.9671	0.98193	15.8	12.7498	0.97809
12.5	10.0487	0.98181	15.9	12.8320	0.97798
12.6	10.1303	0.98169	16.0	12.9141	0.97787
12.7	10.2118	0.98158	16.1	12.9963	0.97776
12.8	10.2935	0.98146	16.2	13.0785	0.97765
12.9	10.3751	0.98135	16.3	13.1607	0.97754
13.0	10.4568	0.98123	16.4	13.2429	0.97743
13.1	10.5384	0.98112	16.5	13.3252	0.97732
13.2	10.6201	0.98100	16.6	13.4073	0.97722
13.3	10.7018	0.98089	16.7	13.4896	0.97711
13.4	10.7836	0.98077	16.8	13.5719	0.97700
13.5	10.8653	0.98066	16.9	13.6542	0.97689
13.6	10.9470	0.98055	17.0	13.7366	0.97678
13.7	11.0288	0.98043	17.1	13.8189	0.97667
13.8	11.1106	0.98032	17.2	13.9011	0.97657
13.9	11.1925	0.98020	17.3	13.9835	0.97646
14.0	11.2743	0.98009	17.4	14.0660	0.97635
14.1	11.3561	0.97998	17.5	14.1484	0.97624
14.2	11.4379	0.97987	17.6	14.2307	0.97614
14.3	11.5198	0.97975	17.7	14.3132	0.97603
14.4	11.6017	0.97964	17.8	14.3957	0.97592
14.5	11.6836	0.97953	17.9	14.4780	0.97582
14.6	11.7655	0.97942	18.0	14.5605	0.98571
14.7	11.8474	0.97931	18.1	14.6431	0.97560
14.8	11.9294	0.97919	18.2	14.7225	0.97550
14.9	12.0114	0.97908	18.3	14.8081	0.97539
15.0	12.0934	0.97897	18.4	14.8905	0.97529
15.1	12.1754	0.97886	18.5	14.9731	0.97518
15.2	12.2574	0.97875	18.6	15.0558	0.97507
15.3	12.3394	0.97864	18.7	15.1383	0.97497

续表

体积分数	质量分数	密度/(g/mL)	体积分数	质量分数	密度/(g/mL)
18.8	15.2209	0.97486	22.2	18.0408	0.97123
18.9	15.3035	0.97476	22.3	18.1241	0.97112
19.0	15.3862	0.97465	22.4	18.2075	0.97101
19.1	15.4689	0.97454	22.5	18.2908	0.97090
19.2	15.5515	0.97444	22.6	18.3740	0.97080
19.3	15.6341	0.97434	22.7	18.4574	0.97069
19.4	15.7169	0.97423	22.8	18.5408	0.97058
19.5	15.7997	0.97412	22.9	18.6243	0.97047
19.6	15.8823	0.97402	23.0	18.7077	0.97036
19.7	15.9650	0.97392	23.1	18.7912	0.97025
19.8	16.0478	0.97381	23.2	18.8747	0.97014
19.9	16.1307	0.97370	23.3	18.9582	0.97003
20.0	16.2134	0.97360	23.4	19.0117	0.96992
20.1	16.2963	0.97349	23.5	19.1254	0.96980
20.2	16.3791	0.97339	23.6	19.2090	0.96969
20.3	16.4620	0.97328	23.7	19.2926	0.96958
20.4	16.5450	0.97317	23.8	19.3762	0.96947
20.5	16.6280	0.97306	23.9	19.4598	0.96936
20.6	16.7108	0.97296	24.0	19.5434	0.96925
20.7	16.7938	0.97285	24.1	19.6271	0.96914
20.8	16.8769	0.97274	24.2	19.7110	0.96902
20.9	16.9598	0.97264	24.3	19.7947	0.96891
21.0	17.0428	0.97253	24.4	19.8784	0.96880
21.1	17.1259	0.97242	24.5	19.9623	0.96868
21.2	17.2090	0.97231	24.6	20.0461	0.96857
21.3	17.2920	0.97221	24.7	20.1299	0.96846
21.4	17.3751	0.97210	24.8	20.2137	0.96835
21.5	17.4583	0.97199	24.9	20.2977	0.96823
21.6	17.5415	0.97188	25.0	20.3815	0.96812
21.7	17.6247	0.97177	25.1	20.4654	0.96801
21.8	17.7077	0.97167	25.2	20.5495	0.96789
21.9	17.7910	0.97156	25.3	20.6333	0.96778
22.0	17.8742	0.97145	25.4	20.7172	0.96767
22.1	17.9575	0.97134	25.5	20.8012	0.96756

续表

体积分数	质量分数	密度/（g/mL）	体积分数	质量分数	密度/（g/mL）
25.6	20.8853	0.96744	29.0	23.7569	0.96346
25.7	20.9693	0.96733	29.1	23.8418	0.96334
25.8	21.0533	0.96722	29.2	23.9267	0.96322
25.9	21.1375	0.96710	29.3	24.0119	0.96309
26.0	21.2215	0.96699	29.4	24.0968	0.96297
26.1	21.3058	0.96687	29.5	24.1818	0.96285
26.2	21.3899	0.96676	29.6	24.2668	0.96273
26.3	21.4742	0.96664	29.7	24.3518	0.96261
26.4	21.5583	0.96653	29.8	24.4371	0.96248
26.5	21.6426	0.96641	29.9	24.5222	0.96236
26.6	21.7270	0.96629	30.0	24.6073	0.96224
26.7	21.8112	0.96618	30.1	24.6924	0.96212
26.8	21.8956	0.96606	30.2	24.7778	0.96199
26.9	21.9798	0.96595	30.3	24.8629	0.96187
27.0	22.0642	0.96583	30.4	24.9483	0.96174
27.1	22.1487	0.96571	30.5	25.0335	0.96162
27.2	22.2330	0.96560	30.6	25.1187	0.96150
27.3	22.3175	0.96548	30.7	25.2042	0.96137
27.4	22.4020	0.96536	30.8	25.2895	0.96125
27.5	22.4866	0.96524	30.9	25.3750	0.96112
27.6	22.5709	0.96513	31.0	25.4603	0.96100
27.7	22.6555	0.96501	31.1	25.5459	0.96087
27.8	22.7401	0.96489	31.2	25.6315	0.96074
27.9	22.8245	0.96478	31.3	25.7169	0.96062
28.0	22.9092	0.96466	31.4	25.8025	0.96049
28.1	22.9938	0.96454	31.5	25.8882	0.96036
28.2	23.0785	0.96442	31.6	25.9739	0.96023
28.3	23.1633	0.96430	31.7	26.0596	0.96010
28.4	23.2480	0.96418	31.8	26.1451	0.95998
28.5	23.3328	0.96406	31.9	26.2309	0.95985
28.6	23.4176	0.96394	32.0	26.3167	0.95972
28.7	23.5024	0.96382	32.1	26.4025	0.95959
28.8	23.5872	0.96370	32.2	26.4886	0.95945
28.9	23.6720	0.96358	32.3	26.5745	0.95932

续表

体积分数	质量分数	密度/(g/mL)	体积分数	质量分数	密度/(g/mL)
32.4	26.6604	0.95919	35.8	29.6034	0.95448
32.5	26.7463	0.95906	35.9	29.6908	0.95433
32.6	26.8325	0.95892	36.0	29.7778	0.95419
32.7	26.9184	0.95879	36.1	29.8653	0.95404
32.8	27.0044	0.95866	36.2	29.9527	0.95389
32.9	27.0907	0.95852	36.3	30.0398	0.95375
33.0	27.1767	0.95839	36.4	30.1273	0.95360
33.1	27.2628	0.95826	36.5	30.2149	0.95345
33.2	27.3491	0.95812	36.6	30.3024	0.95330
33.3	27.4355	0.95768	36.7	30.3900	0.95315
33.4	27.5217	0.95785	36.8	30.4773	0.95301
33.5	27.6078	0.95772	36.9	30.5649	0.95286
33.6	27.6943	0.95758	37.0	30.6525	0.95271
33.7	27.7807	0.95744	37.1	30.7402	0.95256
33.8	27.8670	0.95731	37.2	30.8279	0.95241
33.9	27.9532	0.95718	37.3	30.9160	0.95225
34.0	28.0398	0.95704	37.4	31.0038	0.95210
34.1	28.1264	0.95690	37.5	31.0916	0.95195
34.2	28.2130	0.95676	37.6	31.1794	0.95180
34.3	28.2996	0.95662	37.7	31.2673	0.95165
34.4	28.3863	0.95648	37.8	31.3555	0.95149
34.5	28.4729	0.95634	37.9	31.4434	0.95134
34.6	28.5600	0.95619	38.0	31.5313	0.95119
34.7	28.6467	0.95605	38.1	31.6193	0.95104
34.8	28.7335	0.95591	38.2	31.7076	0.95088
34.9	28.8202	0.95577	38.3	31.7959	0.95072
35.0	28.9071	0.95563	38.4	31.8840	0.95057
35.1	28.9939	0.95549	38.5	31.9721	0.95042
35.2	29.0811	0.95535	38.6	32.0605	0.95026
35.3	29.1680	0.95520	38.7	32.1490	0.95010
35.4	29.2552	0.95505	38.8	32.2371	0.94995
35.5	29.3421	0.95491	38.9	32.3254	0.94980
35.6	29.4291	0.95477	39.0	32.4139	0.94964
35.7	29.5164	0.95462	39.1	32.5025	0.94948

续表

体积分数	质量分数	密度/（g/mL）	体积分数	质量分数	密度/（g/mL）
39.2	32.5911	0.94932	42.6	35.6262	0.94377
39.3	32.6794	0.94917	42.7	35.7162	0.94360
39.4	32.7681	0.94901	42.8	35.8063	0.94343
39.5	32.8568	0.94885	42.9	35.8964	0.94326
39.6	32.9455	0.94869	43.0	35.9866	0.94309
39.7	33.0343	0.94853	43.1	36.0768	0.94292
39.8	33.1227	0.94838	43.2	36.1674	0.94274
39.9	33.2116	0.94822	43.3	36.2581	0.94256
40.0	33.3004	0.94806	43.4	36.3483	0.94239
40.1	33.3893	0.94790	43.5	36.4387	0.94222
40.2	33.4782	0.94774	43.6	36.5294	0.94204
40.3	33.5675	0.94757	43.7	36.6202	0.94186
40.4	33.6565	0.94741	43.8	36.7106	0.94169
40.5	33.7455	0.94725	43.9	36.8011	0.94152
40.6	33.8345	0.94709	44.0	36.8920	0.94134
40.7	33.9236	0.94693	44.1	36.9829	0.94116
40.8	34.0131	0.94676	44.2	37.0738	0.94098
40.9	34.1022	0.94660	44.3	37.1644	0.94081
41.0	34.1914	0.94644	44.4	37.2554	0.94063
41.1	34.2805	0.94628	44.5	37.3465	0.94045
41.2	34.3701	0.94611	44.6	37.4376	0.94027
41.3	34.4597	0.94594	44.7	37.5287	0.94009
41.4	34.5490	0.94578	44.8	37.6195	0.93992
41.5	34.6383	0.94562	44.9	37.7107	0.93974
41.6	34.7280	0.94545	45.0	37.8019	0.93956
41.7	34.8178	0.94528	45.1	37.8932	0.93938
41.8	34.9027	0.94512	45.2	37.9845	0.93920
41.9	34.9966	0.94496	45.3	38.0758	0.93902
42.0	35.0865	0.94479	45.4	38.1672	0.93884
42.1	35.1763	0.94462	45.5	38.2586	0.93866
42.2	35.2662	0.94445	45.6	38.3540	0.93847
42.3	35.3562	0.94428	45.7	38.4419	0.93829
42.4	35.4461	0.94411	45.8	38.5334	0.93811
42.5	35.5361	0.94394	45.9	38.6249	0.93793

续表

体积分数	质量分数	密度/（g/mL）	体积分数	质量分数	密度/（g/mL）
46.0	38.7165	0.93775	49.4	41.8639	0.93135
46.1	38.8081	0.93757	49.5	41.9572	0.93116
46.2	38.9002	0.93738	49.6	42.0505	0.93097
46.3	38.9919	0.93720	49.7	42.1444	0.93077
46.4	39.0840	0.93701	49.8	42.2378	0.93058
46.5	39.1758	0.93683	49.9	42.3317	0.93038
46.6	39.2676	0.93665	50.0	42.4252	0.93019
46.7	39.3598	0.93646	50.1	42.5192	0.92999
46.8	39.4517	0.93628	50.2	42.6128	0.92980
46.9	39.5440	0.93609	50.3	42.7068	0.92960
47.0	39.6360	0.93591	50.4	42.8010	0.92940
47.1	39.7284	0.93572	50.5	42.8947	0.92920
47.2	39.8204	0.93554	50.6	42.9888	0.92901
47.3	39.9128	0.93535	50.7	43.0831	0.92881
47.4	40.0053	0.93516	50.8	43.1773	0.92861
47.5	40.0975	0.93498	50.9	43.2721	0.92842
47.6	40.1900	0.93479	51.0	43.3656	0.92822
47.7	40.2827	0.93460	51.1	43.4599	0.92802
47.8	40.3753	0.93441	51.2	43.5544	0.92782
47.9	40.4676	0.93423	51.3	43.6489	0.92762
48.0	40.5603	0.93404	51.4	43.7434	0.92742
48.1	40.6531	0.93385	51.5	43.8379	0.92722
48.2	40.7459	0.93366	51.6	43.9330	0.92701
48.3	40.8387	0.93347	51.7	44.0276	0.92681
48.4	40.9316	0.93328	51.8	44.1223	0.92661
48.5	41.0250	0.93308	51.9	44.2170	0.92641
48.6	41.1179	0.93289	52.0	44.3118	0.92621
48.7	41.2109	0.93270	52.1	44.4066	0.92601
48.8	41.3040	0.93251	52.2	44.5019	0.92580
48.9	41.3971	0.93232	52.3	44.5968	0.92560
49.0	41.4902	0.93213	52.4	44.6918	0.92540
49.1	41.5833	0.93194	52.5	44.7867	0.92520
49.2	41.6770	0.93174	52.6	44.8822	0.92499
49.3	41.7702	0.93155	52.7	44.9773	0.92479

续表

体积分数	质量分数	密度/（g/mL）	体积分数	质量分数	密度/（g/mL）
52.8	45.0724	0.92459	56.2	48.3471	0.91747
52.9	45.1680	0.92438	56.3	48.4442	0.91726
53.0	45.2632	0.92418	56.4	48.5419	0.91704
53.1	45.3589	0.92397	56.5	48.6391	0.91683
53.2	45.4541	0.92377	56.6	48.7363	0.91662
53.3	45.5499	0.92356	56.7	48.8341	0.91640
53.4	45.6453	0.92339	56.8	48.9315	0.91619
53.5	45.7412	0.92315	56.9	49.0294	0.91597
53.6	45.8371	0.92294	57.0	49.1268	0.91576
53.7	45.9325	0.92274	57.1	49.2248	0.91554
53.8	46.0286	0.92253	57.2	49.3229	0.91532
53.9	46.1241	0.92233	57.3	49.4205	0.91511
54.0	46.2202	0.92212	57.4	49.5186	0.91489
54.1	46.3164	0.92191	57.5	49.6168	0.91467
54.2	46.4125	0.92170	57.6	49.7151	0.91445
54.3	46.5088	0.92149	57.7	49.8134	0.91423
54.4	46.6050	0.92128	57.8	49.9112	0.91402
54.5	46.7008	0.92108	57.9	50.0096	0.91380
54.6	46.7972	0.92087	58.0	50.1080	0.91358
54.7	46.8936	0.92066	58.1	50.2065	0.91336
54.8	46.9901	0.92045	58.2	50.3050	0.91314
54.9	47.0865	0.92024	58.3	50.4036	0.91292
55.0	47.1831	0.92003	58.4	50.5022	0.91270
55.1	47.2797	0.91982	58.5	50.6009	0.91248
55.2	47.3768	0.91960	58.6	50.6996	0.91226
55.3	47.4735	0.91939	58.7	50.7984	0.91204
55.4	47.5702	0.91918	58.8	50.8972	0.91182
55.5	47.6675	0.91896	58.9	50.9961	0.91160
55.6	47.7643	0.91875	59.0	51.0950	0.91138
55.7	47.8611	0.91854	59.1	51.1939	0.91116
55.8	47.9580	0.91833	59.2	51.2929	0.91094
55.9	48.0555	0.91811	59.3	51.3926	0.91071
56.0	48.1524	0.91790	59.4	51.4917	0.91049
56.1	48.2495	0.91769	59.5	51.5908	0.91027

续表

体积分数	质量分数	密度/(g/mL)	体积分数	质量分数	密度/(g/mL)
59.6	51.6900	0.91005	63.0	55.1068	0.90232
59.7	51.7893	0.90983	63.1	55.2084	0.90209
59.8	51.8891	0.90960	63.2	55.3106	0.90185
59.9	51.9885	0.90938	63.3	55.4122	0.90162
60.0	52.0879	0.90916	63.4	55.5139	0.90139
60.1	52.1873	0.90894	63.5	55.6157	0.90116
60.2	52.2874	0.90871	63.6	55.7181	0.90092
60.3	52.3875	0.90848	63.7	55.8200	0.90069
60.4	52.4871	0.90826	63.8	55.9219	0.90046
60.5	52.5867	0.90804	63.9	56.0245	0.90022
60.6	52.6870	0.90781	64.0	56.1265	0.89999
60.7	52.7873	0.90758	64.1	56.2286	0.89976
60.8	52.8871	0.90736	64.2	56.3313	0.89952
60.9	52.9869	0.90714	64.3	56.4341	0.89928
61.0	53.0874	0.90691	64.4	56.5363	0.89905
61.1	53.1879	0.90668	64.5	56.6386	0.89882
61.2	53.2885	0.90645	64.6	56.7416	0.89858
61.3	53.3885	0.90623	64.7	56.8446	0.89834
61.4	53.4892	0.90600	64.8	56.9470	0.89811
61.5	53.5899	0.90577	64.9	57.0495	0.89788
61.6	53.6907	0.90554	65.0	57.1527	0.89764
61.7	53.7915	0.90531	65.1	57.2559	0.89740
61.8	53.8918	0.90509	65.2	57.3592	0.89716
61.9	53.9927	0.90486	65.3	57.4619	0.89693
62.0	54.0937	0.90463	65.4	57.5653	0.89669
62.1	54.1947	0.90440	65.5	57.6688	0.89645
62.2	54.2958	0.90417	65.6	57.7723	0.89621
62.3	54.3969	0.90394	65.7	57.8759	0.89597
62.4	54.4981	0.90371	65.8	57.9788	0.89574
62.5	54.5993	0.90348	65.9	58.0825	0.89550
62.6	54.7012	0.90324	66.0	58.1862	0.89526
62.7	54.8025	0.90301	66.1	58.2900	0.89502
62.8	54.9039	0.90278	66.2	58.3939	0.89478
62.9	55.0054	0.90255	66.3	58.4978	0.89454

续表

体积分数	质量分数	密度/（g/mL）	体积分数	质量分数	密度/（g/mL）
66.4	58.6017	0.89430	69.8	62.1788	0.88601
66.5	58.7057	0.89406	69.9	62.2855	0.88576
66.6	58.8098	0.89382	70.0	62.3922	0.88551
66.7	58.9139	0.89358	70.1	62.4990	0.88526
66.8	59.0181	0.89334	70.2	62.6058	0.88501
66.9	59.1223	0.89310	70.3	62.7127	0.88476
67.0	59.2266	0.89286	70.4	62.8196	0.88451
67.1	59.3310	0.89262	70.5	62.9267	0.88426
67.2	59.4354	0.89238	70.6	63.0330	0.88402
67.3	59.5398	0.89214	70.7	63.1402	0.88377
67.4	59.6444	0.89190	70.8	63.2474	0.88352
67.5	59.7489	0.89166	70.9	63.3546	0.88327
67.6	59.8542	0.89141	71.0	63.4619	0.88302
67.7	59.9589	0.89117	71.1	63.5693	0.88277
67.8	60.0636	0.89093	71.2	63.6768	0.88252
67.9	60.1684	0.89069	71.3	63.7843	0.88227
68.0	60.2733	0.89045	71.4	63.8918	0.88202
68.1	60.3787	0.89020	71.5	64.0002	0.88176
68.2	60.4839	0.88996	71.6	64.1079	0.88151
68.3	60.5896	0.88971	71.7	64.2156	0.88126
68.4	60.6946	0.88947	71.8	64.3234	0.88101
68.5	60.8005	0.88922	71.9	64.4313	0.88076
68.6	60.9064	0.88897	72.0	64.5329	0.88051
68.7	61.0116	0.88873	72.1	64.6472	0.88026
68.8	61.1176	0.88848	72.2	64.7560	0.88000
68.9	61.2230	0.88824	72.3	64.8640	0.87974
69.0	61.3291	0.88799	72.4	64.9731	0.87949
69.1	61.4353	0.88774	72.5	65.0813	0.87924
69.2	61.5415	0.88749	72.6	65.1903	0.87898
69.3	61.6471	0.88725	72.7	65.2994	0.87872
69.4	61.7535	0.88700	72.8	65.4079	0.87847
69.5	61.8599	0.88675	72.9	65.5164	0.87822
69.6	61.9664	0.88650	73.0	65.6257	0.87796
69.7	62.0729	0.88625	73.1	65.7350	0.87770

续表

体积分数	质量分数	密度/（g/mL）	体积分数	质量分数	密度/（g/mL）
73.2	65.8445	0.87744	76.6	69.6073	0.86856
73.3	65.9532	0.87719	76.7	69.7190	0.86830
73.4	66.0628	0.87693	76.8	69.8316	0.86803
73.5	66.1724	0.87667	76.9	69.9443	0.86776
73.6	66.2821	0.87641	77.0	70.0562	0.86750
73.7	66.3918	0.87615	77.1	70.1691	0.86723
73.8	66.5009	0.87590	77.2	70.2820	0.86696
73.9	66.6108	0.87564	77.3	70.3949	0.86669
74.0	66.7207	0.87538	77.4	70.5079	0.86642
74.1	66.8307	0.87512	77.5	70.6210	0.86615
74.2	66.9408	0.87486	77.6	70.7342	0.86588
74.3	67.0510	0.87460	77.7	70.8475	0.86561
74.4	67.1612	0.87434	77.8	70.9608	0.86534
74.5	67.2714	0.87408	77.9	71.0742	0.86507
74.6	67.3825	0.87381	78.0	71.1876	0.86480
74.7	67.4930	0.87355	78.1	71.3012	0.86453
74.8	67.6034	0.87329	78.2	71.4156	0.86425
74.9	67.7140	0.87303	78.3	71.5292	0.86398
75.0	67.8246	0.87277	78.4	71.6430	0.86371
75.1	67.9352	0.87251	78.5	71.7568	0.86344
75.2	68.0460	0.87225	78.6	71.8715	0.86316
75.3	68.1576	0.87198	78.7	71.9855	0.86289
75.4	68.2684	0.87172	78.8	72.0995	0.86262
75.5	68.3794	0.87146	78.9	72.2144	0.86234
75.6	68.4904	0.87120	79.0	72.3286	0.86207
75.7	68.6014	0.87094	79.1	72.4429	0.86180
75.8	68.7134	0.87067	79.2	72.5580	0.86152
75.9	68.8246	0.87041	79.3	72.6724	0.86124
76.0	68.9358	0.87015	79.4	72.7877	0.86097
76.1	69.0472	0.86989	79.5	72.9022	0.86070
76.2	69.1594	0.86962	79.6	73.0177	0.86042
76.3	69.2708	0.86936	79.7	73.1332	0.86014
76.4	69.3832	0.86909	79.8	73.2480	0.85987
76.5	69.4955	0.86882	79.9	73.3628	0.85960

续表

体积分数	质量分数	密度/（g/mL）	体积分数	质量分数	密度/（g/mL）
80.0	73.4786	0.85932	83.4	77.4723	0.84866
80.1	73.5944	0.85904	83.5	77.5926	0.84936
80.2	73.7103	0.85876	83.6	77.7121	0.84907
80.3	73.8263	0.85848	83.7	77.8316	0.84878
80.4	73.9423	0.85820	83.8	77.9512	0.84849
80.5	74.0585	0.85792	83.9	78.0709	0.84820
80.6	74.1738	0.85765	84.0	78.1907	0.84791
80.7	74.2901	0.85737	84.1	78.3115	0.84761
80.8	74.4064	0.85709	84.2	78.4314	0.84732
80.9	74.5229	0.85681	84.3	78.5524	0.84702
81.0	74.6394	0.85653	84.4	78.6725	0.84673
81.1	74.7560	0.85625	84.5	78.7937	0.84643
81.2	74.8735	0.85596	84.6	78.9149	0.84613
81.3	74.9902	0.85568	84.7	79.0352	0.84584
81.4	75.1079	0.85539	84.8	79.1566	0.84554
81.5	75.2248	0.85511	84.9	79.2772	0.84525
81.6	75.3418	0.85483	85.0	79.3987	0.84495
81.7	75.4597	0.85454	85.1	79.5204	0.84465
81.8	75.5769	0.85426	85.2	79.6421	0.84435
81.9	75.6949	0.85397	85.3	79.7639	0.84405
82.0	75.8122	0.85369	85.4	79.8858	0.84375
82.1	75.9305	0.85340	85.5	80.0088	0.84344
82.2	76.0479	0.85312	85.6	80.1308	0.84314
82.3	76.1663	0.85283	85.7	80.2530	0.84284
82.4	76.2848	0.85254	85.8	80.3753	0.84254
82.5	76.4025	0.85226	85.9	80.4976	0.84224
82.6	76.5211	0.85197	86.0	80.6200	0.84194
82.7	76.6399	0.85168	86.1	80.7435	0.84163
82.8	76.7587	0.85139	86.2	80.8661	0.84133
82.9	76.8767	0.85111	86.3	80.9898	0.84102
83.0	76.9956	0.85082	86.4	81.1135	0.84071
83.1	77.1147	0.85053	86.5	81.2373	0.84040
83.2	77.2338	0.85024	86.6	81.3603	0.84010
83.3	77.3530	0.84995	86.7	81.4843	0.83979

续表

体积分数	质量分数	密度/（g/mL）	体积分数	质量分数	密度/（g/mL）
86.8	81.6084	0.83948	90.2	85.9196	0.82859
86.9	81.7316	0.83918	90.3	86.0502	0.82825
87.0	81.8559	0.83887	90.4	86.1798	0.82792
87.1	81.9803	0.83856	90.5	86.3106	0.82758
87.2	82.1058	0.83824	90.6	86.4415	0.82724
87.3	82.2303	0.83793	90.7	86.5714	0.82691
87.4	82.3550	0.83762	90.8	86.7025	0.82657
87.5	82.4807	0.83730	90.9	86.8327	0.82624
87.6	82.6056	0.83699	91.0	86.9640	0.82590
87.7	82.7305	0.83668	91.1	87.0954	0.82556
87.8	82.8556	0.83637	91.2	87.2280	0.82521
87.9	82.9817	0.83605	91.3	87.3596	0.82487
88.0	83.1069	0.83574	91.4	87.4914	0.82453
88.1	83.2332	0.83542	91.5	87.6243	0.82418
88.2	83.3596	0.83510	91.6	87.7563	0.82384
88.3	83.4861	0.83478	91.7	87.8884	0.82350
88.4	83.6127	0.83446	91.8	88.0205	0.82316
88.5	83.7394	0.83414	91.9	88.1539	0.82281
88.6	83.8662	0.83382	92.0	88.2863	0.82247
88.7	83.9931	0.83350	92.1	88.4199	0.82212
88.8	84.1201	0.83318	92.2	88.5547	0.82176
88.9	84.2472	0.83286	92.3	88.6885	0.82141
89.0	84.3744	0.83254	92.4	88.8235	0.82105
89.1	84.5027	0.83221	92.5	88.9576	0.82070
89.2	84.6311	0.83188	92.6	89.0917	0.82035
89.3	84.7585	0.83156	92.7	89.2271	0.81999
89.4	84.8871	0.83123	92.8	89.3615	0.81964
89.5	85.0159	0.83090	92.9	89.4971	0.81928
89.6	85.1447	0.83057	93.0	89.6317	0.81893
89.7	85.2736	0.83024	93.1	89.7687	0.81856
89.8	85.4016	0.82992	93.2	89.9046	0.81820
89.9	85.5307	0.82959	93.3	90.0418	0.81783
90.0	85.6599	0.82926	93.4	90.1791	0.81746
90.1	85.7902	0.82892	93.5	90.3154	0.81710

续表

体积分数	质量分数	密度/（g/mL）	体积分数	质量分数	密度/（g/mL）
93.6	90.4530	0.81673	96.9	95.1543	0.80375
93.7	90.5907	0.81636	97.0	95.3011	0.80334
93.8	90.7285	0.81599	97.1	95.4516	0.80290
93.9	90.8653	0.81563	97.2	95.6011	0.80247
94.0	91.0033	0.81526	97.3	95.7520	0.80203
94.1	91.1426	0.81488	97.4	95.9030	0.80159
94.2	91.2821	0.81450	97.5	96.0530	0.80116
94.3	91.4227	0.81411	97.6	96.2044	0.80072
94.4	91.5624	0.81373	97.7	96.3559	0.80028
94.5	91.7022	0.81335	97.8	96.5076	0.79984
94.6	91.8422	0.81297	97.9	96.6582	0.79941
94.7	91.9823	0.81259	98.0	96.8102	0.79897
94.8	92.1236	0.81220	98.1	96.9660	0.79850
94.9	92.2640	0.81182	98.2	97.1208	0.79804
95.0	92.4044	0.81144	98.3	97.2770	0.79757
95.1	92.5473	0.81104	98.4	97.4322	0.79711
95.2	92.6892	0.81065	98.5	97.5887	0.79664
95.3	92.8324	0.81025	98.6	97.7455	0.79617
95.4	92.9745	0.80986	98.7	97.9012	0.79571
95.5	93.1180	0.80946	98.8	98.0583	0.79524
95.6	93.2616	0.80906	98.9	98.2144	0.79478
95.7	93.4042	0.80867	99.0	98.3718	0.79431
95.8	93.5480	0.80827	99.1	98.5332	0.79381
95.9	93.6909	0.80788	99.2	98.6961	0.79330
96.0	93.8350	0.80748	99.3	98.8579	0.79280
96.1	93.9805	0.80707	99.4	99.0811	0.79229
96.2	94.1273	0.80665	99.5	99.1833	0.79179
96.3	94.2730	0.80624	99.6	99.3457	0.79129
96.4	94.4201	0.80582	99.7	99.5096	0.79078
96.5	94.5662	0.80541	99.8	99.6725	0.79028
96.6	94.7124	0.80500	99.9	99.8368	0.78977
96.7	94.8599	0.80458	100.0	100.00	0.78927
96.8	95.0064	0.80417			

附录五　酒精计温度浓度换算表

酒精计读数

温度在20℃时用体积百分数或质量百分数表示酒精度

溶液温度/℃	95 体积分数	95 质量分数	96 体积分数	96 质量分数	97 体积分数	97 质量分数	98 体积分数	98 质量分数	99 体积分数	99 质量分数	100 体积分数	100 质量分数
40	90.4	0.881561	91.6	0.896043	92.6	0.908181	94.0	0.92528	95.3	0.941270	96.6	0.957369
39	90.6	0.883968	91.8	0.898466	92.8	0.910616	94.2	0.927612	95.4	0.942505	96.8	0.959856
38	90.9	0.887584	92.0	0.900891	93.0	0.913054	94.4	0.930071	95.6	0.944976	96.9	0.961100
37	91.1	0.889998	92.3	0.904533	93.3	0.916715	94.6	0.932533	95.8	0.947449	97.1	0.963591
36	91.3	0.892414	92.5	0.906964	93.5	0.919159	94.8	0.934998	96.0	0.949925	97.3	0.966084
35	91.6	0.896043	92.7	0.909398	93.7	0.921605	95.0	0.937465	96.2	0.952404	97.4	0.967331
34	91.8	0.898466	92.9	0.911834	93.9	0.924054	95.2	0.939935	96.3	0.953644	97.6	0.969828
33	92.0	0.900891	93.1	0.914273	94.1	0.926506	95.4	0.942407	96.5	0.956127	97.8	0.972328
32	92.2	0.903318	93.4	0.917936	94.4	0.930188	95.6	0.944882	96.7	0.958612	98.0	0.974831
31	92.5	0.906964	93.6	0.920382	94.6	0.932646	95.8	0.947359	96.9	0.961100	98.1	0.976083
30	92.7	0.909398	93.8	0.92283	94.8	0.935107	96.0	0.949839	97.1	0.963591	98.3	0.978589
29	92.9	0.911834	94.0	0.925280	95.1	0.938803	96.2	0.952322	97.3	0.966084	98.4	0.979843
28	93.1	0.914273	94.2	0.927733	95.3	0.941270	96.4	0.954808	97.5	0.968580	98.6	0.982353
27	93.4	0.917936	94.5	0.931417	95.5	0.943740	96.6	0.957296	97.7	0.971078	98.8	0.984866
26	93.6	0.920382	94.7	0.933876	95.8	0.947449	96.8	0.959786	97.9	0.973579	99.0	0.987382
25	93.9	0.924054	94.9	0.936338	96.0	0.949925	97.0	0.962280	98.1	0.976083	99.2	0.989900

读数	温度	密度	温度	密度	温度	密度	温度	密度	温度	密度	温度	密度
24	94.1	0.926506	95.1	0.938803	96.2	0.952404	97.2	0.964776	98.3	0.978589	99.3	0.991160
23	94.3	0.928960	95.4	0.942505	96.4	0.954885	97.4	0.967274	98.5	0.981098	99.5	0.993683
22	94.6	0.932646	95.6	0.944976	96.6	0.957369	97.6	0.969776	98.6	0.982353	99.7	0.996208
21	94.8	0.935107	95.8	0.947449	96.8	0.959856	97.8	0.972280	98.8	0.984866	99.8	0.997471
20	95.0	0.937570	96.0	0.949925	97.0	0.962345	98.0	0.974786	99.0	0.987382	100.0	1.000000
19	95.2	0.940036	96.2	0.952404	97.2	0.964837	98.2	0.977296	99.2	0.989900		
18	95.4	0.942505	96.4	0.954885	97.4	0.967331	98.3	0.978551	99.3	0.991160		
17	95.6	0.944976	96.6	0.957369	97.6	0.969828	98.5	0.981065	99.5	0.993683		
16	95.9	0.948687	96.8	0.959856	97.8	0.972328	98.7	0.983581	99.7	0.996208		
15	96.1	0.951164	97.0	0.962345	98.0	0.974831	98.9	0.986099	99.8	0.997471		
14	96.3	0.953644	97.2	0.964837	98.1	0.976083	99.1	0.988621	100.0	1.000000		
13	96.5	0.956127	97.4	0.967331	98.3	0.978589	99.2	0.989882				
12	96.7	0.958612	97.6	0.969828	98.5	0.981098	99.4	0.992408				
11	96.9	0.961100	97.8	0.972328	98.7	0.983610	99.6	0.994936				
10	97.1	0.963591	98.0	0.974831	98.9	0.986124	99.7	0.996201				
9	97.3	0.966084	98.2	0.977336	99.0	0.987382	99.9	0.998733				
8	97.5	0.968580	98.3	0.978589	99.2	0.989900						
7	97.6	0.969828	98.5	0.981098	99.3	0.991160						
6	97.8	0.972328	98.7	0.983610	99.4	0.992421						
5	98.0	0.974831	98.9	0.986124	99.5	0.993683						
4	98.2	0.977336	99.0	0.987382	99.7	0.996208						
3	98.4	0.979843	99.2	0.989900	99.8	0.997471						
2	98.5	0.981098	99.4	0.992421	100.0	1.000000						
1	98.7	0.983610	99.5	0.993683								
0	98.9	0.986124	99.7	0.996208								

续表

酒精计读数

温度在20℃时用体积百分数或质量百分数表示酒精度

溶液温度/℃	89 体积分数	89 质量分数	90 体积分数	90 质量分数	91 体积分数	91 质量分数	92 体积分数	92 质量分数	93 体积分数	93 质量分数	94 体积分数	94 质量分数
40	83.4	0.798840	84.5	0.811643	85.8	0.826868	86.8	0.838648	88.0	0.852864	89.2	0.867168
39	83.7	0.802325	84.8	0.815148	86.1	0.830396	87.1	0.842194	88.2	0.855242	89.4	0.869561
38	84.0	0.805815	85.1	0.818658	86.3	0.832750	87.3	0.844561	88.5	0.858813	89.7	0.873154
37	84.3	0.809310	85.3	0.821000	86.6	0.836287	87.6	0.848116	88.8	0.862390	89.9	0.875553
36	84.6	0.812811	85.6	0.824519	86.8	0.838648	87.8	0.850489	89.0	0.864778	90.2	0.879156
35	84.8	0.815148	85.9	0.828043	87.1	0.842194	88.1	0.854053	89.2	0.867168	90.4	0.881561
34	85.0	0.817487	86.2	0.831573	87.4	0.845745	88.2	0.855242	89.5	0.870758	90.6	0.883968
33	85.1	0.818658	86.5	0.835108	87.6	0.848116	88.6	0.860005	89.8	0.874353	90.9	0.887584
32	85.4	0.822173	86.7	0.837467	87.9	0.851676	88.9	0.863584	90.0	0.876753	91.1	0.889998
31	85.7	0.825693	87.0	0.841011	88.1	0.854053	89.1	0.865973	90.2	0.879156	91.4	0.893623
30	86.0	0.829219	87.3	0.844561	88.4	0.857622	89.4	0.869561	90.5	0.882764	91.6	0.896043
29	86.3	0.832750	87.6	0.848116	88.6	0.860005	89.7	0.873154	90.8	0.886378	91.8	0.898466
28	86.5	0.835108	87.9	0.851676	88.9	0.863584	90.0	0.876753	91.1	0.889998	92.1	0.902104
27	86.8	0.838648	88.1	0.854053	89.2	0.867168	90.2	0.879156	91.3	0.892414	92.3	0.904533
26	87.1	0.842194	88.4	0.857622	89.4	0.869561	90.5	0.882764	91.5	0.894833	92.6	0.908181
25	87.4	0.845745	88.7	0.861197	89.7	0.873154	90.7	0.885173	91.8	0.898466	92.8	0.910616
24	87.7	0.849302	89.0	0.864778	90.0	0.876753	91.0	0.888791	92.0	0.900891	93.1	0.914273
23	88.0	0.852864	89.2	0.867168	90.2	0.879156	91.3	0.892414	92.3	0.904533	93.3	0.916715

温度												
22	0.857622	88.4	0.870758	89.5	0.882764	90.5	0.894833	91.5	0.906964	92.5	0.919159	93.5
21	0.861197	88.7	0.873154	89.7	0.885173	90.7	0.898466	91.8	0.910616	92.8	0.922830	93.8
20	0.864778	89.0	0.876753	90.0	0.888791	91.0	0.900891	92.0	0.913054	93.0	0.925280	94.0
19	0.868364	89.3	0.880358	90.3	0.891206	91.2	0.903318	92.2	0.915494	93.2	0.927733	94.2
18	0.870758	89.5	0.883968	90.6	0.894833	91.5	0.906964	92.5	0.919159	93.5	0.930188	94.4
17	0.874353	89.8	0.886378	90.8	0.897254	91.7	0.909398	92.7	0.921605	93.7	0.932646	94.6
16	0.876753	90.0	0.888791	91.0	0.900891	92.0	0.913054	93.0	0.924054	93.9	0.936338	94.9
15	0.880358	90.3	0.892414	91.3	0.903318	92.2	0.915494	93.2	0.927733	94.2	0.938803	95.1
14	0.882764	90.5	0.894833	91.5	0.906964	92.5	0.917936	93.4	0.928960	94.3	0.941270	95.3
13	0.886378	90.8	0.897254	91.7	0.909398	92.7	0.920382	93.6	0.932646	94.6	0.943740	95.5
12	0.888791	91.0	0.900891	92.0	0.911834	92.9	0.924054	93.9	0.935107	94.8	0.946212	95.7
11	0.892414	91.3	0.903318	92.2	0.915494	93.2	0.926506	94.1	0.937570	95.0	0.949925	96.0
10	0.894833	91.5	0.906964	92.5	0.917936	93.4	0.928960	94.3	0.940036	95.2	0.952404	96.2
9	0.898466	91.8	0.910616	92.7	0.920382	93.6	0.931417	94.5	0.943740	95.5	0.954885	96.4
8	0.900891	92.0	0.911834	92.9	0.924054	93.9	0.935107	94.8	0.946212	95.7	0.957369	96.6
7	0.903318	92.2	0.915494	93.2	0.926506	94.1	0.937570	95.0	0.948687	95.9	0.959856	96.8
6	0.906964	92.5	0.917936	93.4	0.928960	94.3	0.940036	95.2	0.951164	96.1	0.962345	97.0
5	0.909398	92.7	0.920382	93.6	0.931417	94.5	0.942505	95.4	0.953644	96.3	0.963591	97.1
4	0.911834	92.9	0.922830	93.8	0.933876	94.7	0.944976	95.6	0.956127	96.5	0.966084	97.3
3	0.915494	93.2	0.926506	94.1	0.936338	94.9	0.947449	95.8	0.958612	96.7	0.968580	97.5
2	0.917936	93.4	0.928960	94.3	0.938803	95.1	0.949925	96.0	0.961100	96.9	0.971078	97.7
1	0.920382	93.6	0.931417	94.5	0.941270	95.3	0.952404	96.2	0.962345	97.0	0.973579	97.9
0	0.922830	93.8	0.933876	94.7	0.946212	95.7	0.954885	96.4	0.964837	97.2	0.976083	98.1

续表

酒精计读数

温度在20℃时用体积百分数或质量百分数表示酒精度

溶液温度/℃	83 质量分数	83 体积分数	84 质量分数	84 体积分数	85 质量分数	85 体积分数	86 质量分数	86 体积分数	87 质量分数	87 体积分数	88 质量分数	88 体积分数
40	0.724618	76.9	0.737009	78.0	0.749468	79.1	0.760854	80.1	0.774594	81.3	0.786107	82.3
39	0.727991	77.2	0.740400	78.3	0.752878	79.4	0.764281	80.4	0.778042	81.6	0.789573	82.6
38	0.731368	77.5	0.743796	78.6	0.756293	79.7	0.767714	80.7	0.781495	81.9	0.793043	82.9
37	0.734751	77.8	0.747197	78.9	0.759713	80.0	0.771151	81.0	0.784953	82.2	0.796519	83.2
36	0.738139	78.1	0.750604	79.2	0.763138	80.3	0.774594	81.3	0.788417	82.5	0.800001	83.5
35	0.741531	78.4	0.754016	79.5	0.766569	80.6	0.778042	81.6	0.791886	82.8	0.803487	83.8
34	0.744929	78.7	0.757432	79.8	0.770005	80.9	0.781495	81.9	0.794202	83.0	0.805815	84.0
33	0.749468	79.1	0.760854	80.1	0.773446	81.2	0.784953	82.2	0.797679	83.3	0.809310	84.3
32	0.752878	79.4	0.764281	80.4	0.776892	81.5	0.788417	82.5	0.801162	83.6	0.812811	84.6
31	0.756293	79.7	0.767714	80.7	0.780343	81.8	0.791886	82.8	0.804651	83.9	0.816317	84.9
30	0.759713	80.0	0.771151	81.0	0.7838	82.1	0.795360	83.1	0.808144	84.2	0.819829	85.2
29	0.763138	80.3	0.774594	81.3	0.787262	82.4	0.798840	83.4	0.810476	84.4	0.824519	85.6
28	0.766569	80.6	0.778042	81.6	0.790729	82.7	0.802325	83.7	0.813979	84.7	0.826868	85.8
27	0.770005	80.9	0.781495	81.9	0.794202	83.0	0.805815	84.0	0.817487	85.0	0.830396	86.1
26	0.773446	81.2	0.784953	82.2	0.797679	83.3	0.809310	84.3	0.821000	85.3	0.832750	86.3
25	0.776892	81.5	0.788417	82.5	0.801162	83.6	0.812811	84.6	0.824519	85.6	0.836287	86.6
24	0.780343	81.8	0.791886	82.8	0.803487	83.8	0.816317	84.9	0.828043	85.9	0.839829	86.9
23	0.783800	82.1	0.795360	83.1	0.806979	84.1	0.818658	85.1	0.831573	86.2	0.843377	87.2

0.787262	82.4	0.798840	83.4	0.810476	84.4	0.819829	85.2	0.833929	86.4	0.845745	87.4	22
0.790729	82.7	0.802325	83.7	0.813979	84.7	0.825693	85.7	0.837467	86.7	0.849302	87.7	21
0.794202	83.0	0.805815	84.0	0.817487	85.0	0.829219	86.0	0.841011	87.0	0.852864	88.0	20
0.797679	83.3	0.809310	84.3	0.821000	85.3	0.832750	86.3	0.844561	87.3	0.856432	88.3	19
0.801162	83.6	0.812811	84.6	0.823346	85.5	0.835108	86.5	0.846930	87.5	0.858813	88.5	18
0.804651	83.9	0.815148	84.8	0.826868	85.8	0.838648	86.8	0.850489	87.8	0.862390	88.8	17
0.808144	84.2	0.818658	85.1	0.830396	86.1	0.842194	87.1	0.854053	88.1	0.864778	89.0	16
0.810476	84.4	0.822173	85.4	0.833929	86.4	0.845745	87.4	0.856432	88.3	0.868364	89.3	15
0.813979	84.7	0.825693	85.7	0.837467	86.7	0.848116	87.6	0.860005	88.6	0.871956	89.6	14
0.817487	85.0	0.829219	86.0	0.839829	86.9	0.851676	87.9	0.863584	88.9	0.874353	89.8	13
0.821000	85.3	0.831573	86.2	0.843377	87.2	0.855242	88.2	0.865973	89.1	0.877954	90.1	12
0.824519	85.6	0.835108	86.5	0.84693	87.5	0.856432	88.3	0.869561	89.4	0.880358	90.3	11
0.826868	85.8	0.838648	86.8	0.849302	87.7	0.861197	88.7	0.871956	89.6	0.883968	90.6	10
0.830396	86.1	0.841011	87.0	0.852864	88.0	0.864778	89.0	0.875553	89.9	0.886378	90.8	9
0.833929	86.4	0.844561	87.3	0.856432	88.3	0.868364	89.3	0.877954	90.1	0.889998	91.1	8
0.836287	86.6	0.848116	87.6	0.858813	88.5	0.870758	89.5	0.881561	90.4	0.892414	91.3	7
0.839829	86.9	0.850489	87.8	0.862390	88.8	0.874353	89.8	0.883968	90.6	0.896043	91.6	6
0.843377	87.2	0.854053	88.1	0.864778	89.0	0.876753	90.0	0.887584	90.9	0.898466	91.8	5
0.845745	87.4	0.857622	88.4	0.868364	89.3	0.880358	90.3	0.889998	91.1	0.900891	92.0	4
0.849302	87.7	0.860005	88.6	0.870758	89.5	0.882764	90.5	0.892414	91.3	0.903318	92.2	3
0.851676	87.9	0.86239	88.8	0.874353	89.8	0.886378	90.8	0.896043	91.6	0.906964	92.5	2
0.855242	88.2	0.865973	89.1	0.876753	90.0	0.888791	91.0	0.898466	91.8	0.909398	92.7	1
0.857622	88.4	0.869561	89.4	0.879156	90.2	0.891206	91.2	0.900891	92.0	0.911834	92.9	0

续表

温度在20℃时用体积百分数或质量百分数表示酒精度

酒精计读数

溶液温度/℃	77		78		79		80		81		82	
	体积分数	质量分数	体积分数	质量分数	体积分数	质量分数	体积分数	质量分数	体积分数	质量分数	体积分数	质量分数
40	70.6	0.654945	71.6	0.665860	72.8	0.679029	73.8	0.690063	75.0	0.703376	75.9	0.713413
39	70.9	0.658214	71.9	0.669145	73.1	0.682333	74.1	0.693383	75.3	0.706716	76.2	0.716769
38	71.2	0.661488	72.3	0.673532	73.4	0.685642	74.4	0.696709	75.6	0.710062	76.5	0.720129
37	71.6	0.665860	72.6	0.676828	73.7	0.688957	74.7	0.700040	75.9	0.713413	76.8	0.723495
36	71.9	0.669145	72.9	0.680130	74.0	0.692276	74.9	0.702263	76.2	0.716769	77.1	0.726866
35	72.2	0.672435	73.2	0.683436	74.3	0.695600	75.3	0.706716	76.5	0.720129	77.4	0.730242
34	72.5	0.675729	73.6	0.687851	74.7	0.700040	75.7	0.711178	76.8	0.723495	77.8	0.734751
33	72.8	0.679029	73.9	0.691169	75.0	0.703376	76.0	0.714531	77.1	0.726866	78.1	0.738139
32	73.2	0.683436	74.2	0.694492	75.3	0.706716	76.3	0.717888	77.4	0.730242	78.4	0.741531
31	73.5	0.686747	74.6	0.698929	75.6	0.710062	76.6	0.721251	77.7	0.733623	78.7	0.744929
30	73.8	0.690063	74.9	0.702263	75.9	0.713413	76.9	0.724618	78.0	0.737009	79.0	0.748332
29	74.2	0.694492	75.2	0.705602	76.2	0.716769	77.2	0.727991	78.3	0.740400	79.3	0.751741
28	74.5	0.697819	75.5	0.708946	76.5	0.720129	77.6	0.732495	78.6	0.743796	79.6	0.755154
27	74.8	0.701151	75.8	0.712295	76.8	0.723495	77.9	0.735880	78.9	0.747197	79.9	0.758572
26	75.1	0.704489	76.1	0.715649	77.2	0.727991	78.2	0.739269	79.2	0.750604	80.2	0.761996
25	75.4	0.707831	76.4	0.719008	77.5	0.731368	78.5	0.742663	79.5	0.754016	80.5	0.765425
24	75.8	0.712295	76.8	0.723495	77.8	0.734751	78.8	0.746063	79.8	0.757432	80.8	0.768859
23	76.1	0.715649	77.1	0.726866	78.1	0.738139	79.1	0.749468	80.1	0.760854	81.1	0.772298

0.719008	76.4	0.730242	77.4	0.741531	78.4	0.752878	79.4	0.764281	80.4	0.775743	81.4	22
0.722373	76.7	0.733623	77.7	0.744929	78.7	0.756293	79.7	0.767714	80.7	0.779192	81.7	21
0.725742	77.0	0.737009	78.0	0.748332	79.0	0.759713	80.0	0.771151	81.0	0.782647	82.0	20
0.729116	77.3	0.740400	78.3	0.751741	79.3	0.763138	80.3	0.774594	81.3	0.786107	82.3	19
0.732495	77.6	0.743796	78.6	0.755154	79.6	0.766569	80.6	0.778042	81.6	0.789573	82.6	18
0.735880	77.9	0.747197	78.9	0.758572	79.9	0.770005	80.9	0.781495	81.9	0.793043	82.9	17
0.739269	78.2	0.750604	79.2	0.761996	80.2	0.773446	81.2	0.784953	82.2	0.796519	83.2	16
0.742663	78.5	0.754016	79.5	0.765425	80.5	0.776892	81.5	0.788417	82.5	0.798840	83.4	15
0.746063	78.8	0.757432	79.8	0.768859	80.8	0.780343	81.8	0.791886	82.8	0.802325	83.7	14
0.749468	79.1	0.760854	80.1	0.772298	81.1	0.783800	82.1	0.795360	83.1	0.805815	84.0	13
0.752878	79.4	0.764281	80.4	0.775743	81.4	0.787262	82.4	0.797679	83.3	0.809310	84.3	12
0.756293	79.7	0.767714	80.7	0.779192	81.7	0.790729	82.7	0.801162	83.6	0.812811	84.6	11
0.759713	80.0	0.771151	81.0	0.782647	82.0	0.794202	83.0	0.804651	83.9	0.816317	84.9	10
0.763138	80.3	0.774594	81.3	0.786107	82.3	0.796519	83.2	0.808144	84.2	0.819829	85.2	9
0.766569	80.6	0.778042	81.6	0.789573	82.6	0.800001	83.5	0.811643	84.5	0.822173	85.4	8
0.768859	80.8	0.781495	81.9	0.791886	82.8	0.803487	83.8	0.815148	84.8	0.825693	85.7	7
0.772298	81.1	0.784953	82.2	0.795360	83.1	0.806979	84.1	0.817487	85.0	0.829219	86.0	6
0.773446	81.2	0.787262	82.4	0.798840	83.4	0.809310	84.3	0.821000	85.3	0.831573	86.2	5
0.778042	81.6	0.790729	82.7	0.802325	83.7	0.812811	84.6	0.824519	85.6	0.835108	86.5	4
0.781495	81.9	0.794202	83.0	0.805815	84.0	0.816317	84.9	0.826868	85.8	0.838648	86.8	3
0.787262	82.4	0.797679	83.3	0.808144	84.2	0.819829	85.2	0.830396	86.1	0.841011	87.0	2
0.789573	82.6	0.801162	83.6	0.811643	84.5	0.822173	85.4	0.833929	86.4	0.844561	87.3	1
0.793043	82.9	0.803487	83.8	0.815148	84.8	0.825693	85.7	0.836287	86.6	0.846930	87.5	0

续表

温度在20℃时用体积百分数或质量百分数表示酒精度

溶液温度/℃	酒精计读数											
	71		72		73		74		75		76	
	体积分数	质量分数	体积分数	质量分数	体积分数	质量分数	体积分数	质量分数	体积分数	质量分数	体积分数	质量分数
40	64.3	0.587399	65.4	0.599043	66.4	0.609684	67.5	0.621448	68.6	0.633276	69.5	0.643001
39	64.6	0.590568	65.7	0.602230	66.7	0.612886	67.8	0.624668	68.9	0.636513	69.8	0.646252
38	65.0	0.594802	66.0	0.605422	67.1	0.617163	68.1	0.627892	69.2	0.639755	70.2	0.650594
37	65.4	0.599043	66.4	0.609684	67.4	0.620376	68.5	0.632198	69.6	0.644084	70.5	0.653857
36	65.7	0.60223	66.7	0.612886	67.8	0.624668	68.8	0.635433	69.9	0.647337	70.8	0.657124
35	66.1	0.606486	67.0	0.616093	68.1	0.627892	69.1	0.638673	70.2	0.650594	71.2	0.661488
34	66.4	0.609684	67.4	0.620376	68.4	0.631121	69.5	0.643001	70.6	0.654945	71.5	0.664766
33	66.7	0.612886	67.7	0.623594	68.8	0.635433	69.8	0.646252	70.9	0.658214	71.8	0.668049
32	67.0	0.616093	68.0	0.626817	69.1	0.638673	70.1	0.649508	71.2	0.661488	72.1	0.671337
31	67.4	0.620376	68.4	0.631121	69.5	0.643001	70.5	0.653857	71.5	0.664766	72.5	0.675729
30	67.7	0.623594	68.7	0.634355	69.8	0.646252	70.8	0.657124	71.8	0.668049	72.8	0.679029
29	68.0	0.626817	69.1	0.638673	70.1	0.649508	71.1	0.660396	72.1	0.671337	73.1	0.682333
28	68.4	0.631121	69.4	0.641918	70.4	0.652769	71.4	0.663673	72.4	0.674630	73.5	0.686747
27	68.7	0.634355	69.7	0.645168	70.7	0.656034	71.7	0.666954	72.8	0.679029	73.8	0.690063
26	69.1	0.638673	70.1	0.649508	71.1	0.660396	72.1	0.671337	73.1	0.682333	74.1	0.693383
25	69.4	0.641918	70.4	0.652769	71.4	0.663673	72.4	0.674630	73.4	0.685642	74.4	0.696709
24	69.7	0.645168	70.7	0.656034	71.7	0.666954	72.7	0.677928	73.7	0.688957	74.7	0.700040
23	70.0	0.648422	71.0	0.659305	72.0	0.670241	73.0	0.681231	74.1	0.693383	75.1	0.704489

序号	浓度	温度	浓度	温度	浓度	温度	浓度	温度	浓度	温度	浓度	温度
22	0.652769	70.4	0.663673	71.4	0.67463	72.4	0.685642	73.4	0.696709	74.4	0.707831	75.4
21	0.656034	70.7	0.666954	71.7	0.677928	72.7	0.688957	73.7	0.700040	74.7	0.711178	75.7
20	0.659305	71.0	0.670241	72.0	0.681231	73.0	0.692276	74.0	0.703376	75.0	0.714531	76.0
19	0.662580	71.3	0.673532	72.3	0.684539	73.3	0.695600	74.3	0.706716	75.3	0.717888	76.3
18	0.665860	71.6	0.676828	72.6	0.687851	73.6	0.698929	74.6	0.710062	75.6	0.721251	76.6
17	0.670241	72.0	0.681231	73.0	0.692276	74.0	0.702263	74.9	0.713413	75.9	0.724618	76.9
16	0.673532	72.3	0.684539	73.3	0.695600	74.3	0.706716	75.3	0.716769	76.2	0.727991	77.2
15	0.676828	72.6	0.687851	73.6	0.698929	74.6	0.710062	75.6	0.721251	76.6	0.732495	77.6
14	0.680130	72.9	0.691169	73.9	0.703376	75.0	0.713413	75.9	0.724618	76.9	0.735880	77.9
13	0.683436	73.2	0.694492	74.2	0.707831	75.4	0.716769	76.2	0.727991	77.2	0.739269	78.2
12	0.687851	73.6	0.697819	74.5	0.710062	75.6	0.720129	76.5	0.731368	77.5	0.742663	78.5
11	0.691169	73.9	0.702263	74.9	0.712295	75.8	0.723495	76.8	0.734751	77.8	0.746063	78.8
10	0.694492	74.2	0.705602	75.2	0.716769	76.2	0.726866	77.1	0.738139	78.1	0.749468	79.1
9	0.697819	74.5	0.708946	75.5	0.720129	76.5	0.730242	77.4	0.741531	78.4	0.752878	79.4
8	0.701151	74.8	0.714531	76.0	0.723495	76.8	0.733623	77.7	0.744929	78.7	0.756293	79.7
7	0.704489	75.1	0.719008	76.4	0.726866	77.1	0.737009	78.0	0.748332	79.0	0.759713	80.0
6	0.707831	75.4	0.722373	76.7	0.730242	77.4	0.740400	78.3	0.751741	79.3	0.761996	80.2
5	0.712295	75.8	0.725742	77.0	0.733623	77.7	0.743796	78.6	0.755154	79.6	0.765425	80.5
4	0.714531	76.0	0.729116	77.3	0.737009	78.0	0.750604	79.2	0.758572	79.9	0.768859	80.8
3	0.719008	76.4	0.732495	77.6	0.740400	78.3	0.754016	79.5	0.761996	80.2	0.772298	81.1
2	0.721251	76.6	0.734751	77.8	0.743796	78.6	0.757432	79.8	0.764281	80.4	0.775743	81.4
1	0.725742	77.0	0.735880	77.9	0.746063	78.8	0.760854	80.1	0.767714	80.7	0.779192	81.7
0	0.727991	77.2	0.739269	78.2	0.749468	79.1	0.764281	80.4	0.771151	81.0	0.782647	82.0

续表

酒精计读数

温度在20℃时用体积百分数或质量百分数表示酒精度

溶液温度/℃	65 体积分数	65 质量分数	66 体积分数	66 质量分数	67 体积分数	67 质量分数	68 体积分数	68 质量分数	69 体积分数	69 质量分数	70 体积分数	70 质量分数
40	58.1	0.522907	59.1	0.533180	60.1	0.543501	61.1	0.553873	62.2	0.565339	63.3	0.576866
39	58.5	0.527010	59.5	0.537302	60.5	0.547644	61.5	0.558035	62.6	0.569523	63.6	0.580020
38	58.8	0.530093	59.8	0.540400	60.8	0.550756	61.8	0.561162	62.9	0.572667	64.0	0.584233
37	59.2	0.534210	60.2	0.544536	61.2	0.554913	62.2	0.565339	63.2	0.575816	64.3	0.587399
36	59.6	0.538334	60.5	0.547644	61.6	0.559077	62.6	0.569523	63.6	0.580020	64.7	0.591626
35	59.9	0.541433	60.9	0.551794	61.8	0.561162	62.9	0.572667	64.0	0.584233	65.0	0.594802
34	60.2	0.544536	61.2	0.554913	62.2	0.565339	63.2	0.575816	64.3	0.587399	65.3	0.597982
33	60.6	0.548681	61.6	0.559077	62.5	0.568477	63.6	0.580020	64.6	0.590568	65.7	0.602230
32	60.9	0.551794	61.9	0.562206	62.9	0.572667	63.9	0.583179	65.0	0.594802	66.0	0.605422
31	61.3	0.555953	62.3	0.566384	63.3	0.576866	64.3	0.928960	65.4	0.599043	66.4	0.609684
30	61.6	0.559077	62.6	0.569523	63.6	0.580020	64.6	0.590568	65.6	0.601167	66.7	0.612886
29	61.9	0.562206	62.9	0.572667	64.0	0.584233	65.0	0.594802	66.0	0.605422	67.0	0.616093
28	62.3	0.566384	63.3	0.576866	64.3	0.587399	65.3	0.597982	66.3	0.608618	67.4	0.620376
27	62.6	0.569523	63.6	0.580020	64.7	0.591626	65.7	0.602230	66.7	0.612886	67.7	0.623594
26	63.0	0.573716	64.0	0.584233	65.0	0.594802	66.0	0.605422	67.0	0.616093	68.0	0.626817
25	63.3	0.576866	64.3	0.587399	65.3	0.597982	66.3	0.608618	67.3	0.619305	68.4	0.631121
24	63.6	0.580020	64.6	0.590568	65.7	0.602230	66.7	0.612886	67.7	0.623594	68.7	0.634355
23	64.0	0.584233	65.0	0.594802	66.0	0.605422	67.0	0.616093	68.0	0.626817	69.0	0.637593

0.587399	64.3	0.597982	65.3	0.608618	66.3	0.619305	67.3	0.630044	68.3	0.640836	69.3	22
0.590568	64.6	0.602230	65.7	0.612886	66.7	0.623594	67.7	0.634355	68.7	0.645168	69.7	21
0.594802	65.0	0.605422	66.0	0.616093	67.0	0.626817	68.0	0.637593	69.0	0.648422	70.0	20
0.597982	65.3	0.608618	66.3	0.619305	67.3	0.630044	68.3	0.640836	69.3	0.651681	70.3	19
0.602230	65.7	0.612886	66.7	0.623594	67.7	0.634355	68.7	0.644084	69.6	0.654945	70.6	18
0.605422	66.0	0.616093	67.0	0.626817	68.0	0.637593	69.0	0.648422	70.0	0.659305	71.0	17
0.608618	66.3	0.619305	67.3	0.630044	68.3	0.640836	69.3	0.651681	70.3	0.662580	71.3	16
0.612886	66.7	0.623594	67.7	0.633276	68.6	0.644084	69.6	0.654945	70.6	0.665860	71.6	15
0.616093	67.0	0.626817	68.0	0.637593	69.0	0.648422	70.0	0.659305	71.0	0.670241	72.0	14
0.620376	67.4	0.630044	68.3	0.640836	69.3	0.651681	70.3	0.662580	71.3	0.673532	72.3	13
0.623594	67.7	0.634355	68.7	0.644084	69.6	0.654945	70.6	0.665860	71.6	0.676828	72.6	12
0.626817	68.0	0.637593	69.0	0.648422	70.0	0.659305	71.0	0.669145	71.9	0.680130	72.9	11
0.630044	68.3	0.640836	69.3	0.651681	70.3	0.662580	71.3	0.672435	72.2	0.683436	73.2	10
0.634355	68.7	0.644084	69.6	0.654945	70.6	0.665860	71.6	0.676828	72.6	0.686747	73.5	9
0.637593	69.0	0.648422	70.0	0.658214	70.9	0.669145	71.9	0.680130	72.9	0.690063	73.8	8
0.640836	69.3	0.651681	70.3	0.662580	71.3	0.672435	72.2	0.683436	73.2	0.694492	74.2	7
0.644084	69.6	0.654945	70.6	0.665860	71.6	0.675729	72.5	0.686747	73.5	0.697819	74.5	6
0.648422	70.0	0.658214	70.9	0.669145	71.9	0.680130	72.9	0.690063	73.8	0.701151	74.8	5
0.651681	70.3	0.661488	71.2	0.672435	72.2	0.683436	73.2	0.693383	74.1	0.704489	75.1	4
0.654945	70.6	0.665860	71.6	0.675729	72.5	0.686747	73.5	0.696709	74.4	0.707831	75.4	3
0.658214	70.9	0.669145	71.9	0.679029	72.8	0.690063	73.8	0.700040	74.7	0.711178	75.7	2
0.661488	71.2	0.672435	72.2	0.682333	73.1	0.692276	74.0	0.703376	75.0	0.714531	76.0	1
0.664766	71.5	0.675729	72.5	0.685642	73.4	0.693383	74.1	0.707831	75.4	0.717888	76.3	0

续表

酒精计读数

温度在20℃时用体积百分数或质量百分数表示酒精度

溶液温度/℃	59 体积分数	59 质量分数	60 体积分数	60 质量分数	61 体积分数	61 质量分数	62 体积分数	62 质量分数	63 体积分数	63 质量分数	64 体积分数	64 质量分数
40	51.8	0.459301	52.8	0.469271	54.0	0.481298	55.0	0.491372	56.0	0.501494	57.1	0.512684
39	52.2	0.463284	53.2	0.473272	54.4	0.485321	55.3	0.494403	56.4	0.505556	57.5	0.516767
38	52.5	0.466275	53.5	0.476278	54.7	0.488344	55.7	0.498452	56.7	0.508608	57.8	0.519835
37	52.9	0.470271	53.9	0.480293	55.1	0.492382	56.0	0.501494	57.1	0.512684	58.2	0.523932
36	53.2	0.473272	54.2	0.483309	55.5	0.496427	56.3	0.504540	57.4	0.515745	58.5	0.527010
35	53.6	0.477281	54.6	0.487336	55.8	0.499465	56.8	0.509626	57.8	0.519835	58.9	0.531121
34	54.0	0.481298	55.0	0.491372	56.1	0.502509	57.1	0.512684	58.1	0.522907	59.2	0.534210
33	54.3	0.484315	55.3	0.494403	56.5	0.506573	57.4	0.515745	58.5	0.527010	59.6	0.538334
32	54.7	0.488344	55.7	0.498452	56.8	0.509626	57.7	0.518812	58.8	0.530093	59.9	0.541433
31	55.0	0.491372	56.0	0.501494	57.2	0.513704	58.1	0.522907	59.2	0.534210	60.3	0.545572
30	55.4	0.495415	56.4	0.505556	57.5	0.516767	58.5	0.527010	59.5	0.537302	60.6	0.548681
29	55.8	0.499465	56.8	0.509626	57.8	0.519835	58.8	0.530093	59.9	0.541433	60.9	0.551794
28	56.1	0.502509	57.2	0.513704	58.2	0.523932	59.2	0.534210	60.2	0.544536	61.2	0.554913
27	56.5	0.506573	57.5	0.516767	58.5	0.527010	59.6	0.538334	60.6	0.548681	61.6	0.559077
26	56.9	0.510645	57.9	0.520858	58.9	0.531121	59.9	0.541433	60.9	0.551794	62.0	0.563250
25	57.2	0.513704	58.2	0.523932	59.2	0.534210	60.3	0.545572	61.3	0.555953	62.2	0.565339
24	57.6	0.517789	58.6	0.528037	59.6	0.538334	60.6	0.548681	61.6	0.559077	62.6	0.569523
23	57.9	0.520858	58.9	0.531121	60.0	0.542467	61.0	0.552833	62.0	0.56325	63.0	0.573716

0.524958	58.3	0.535240	59.3	0.545572	60.3	0.555953	61.3	0.566384	62.3	0.576866	63.3	22
0.528037	58.6	0.538334	59.6	0.548681	60.6	0.559077	61.6	0.569523	62.6	0.580020	63.6	21
0.532150	59.0	0.542467	60.0	0.552833	61.0	0.563250	62.0	0.573716	63.0	0.584233	64.0	20
0.536271	59.4	0.546607	60.4	0.555953	61.3	0.566384	62.3	0.576866	63.3	0.587399	64.3	19
0.539367	59.7	0.549718	60.7	0.560119	61.7	0.569398	62.7	0.581073	63.7	0.591626	64.7	18
0.542467	60.0	0.552833	61.0	0.563250	62.0	0.573716	63.0	0.584233	64.0	0.594802	65.0	17
0.546607	60.4	0.556994	61.4	0.567430	62.4	0.577917	63.4	0.588455	64.4	0.5990430	65.4	16
0.550756	60.8	0.560119	61.7	0.570571	62.7	0.581073	63.7	0.591626	64.7	0.60223	65.7	15
0.553873	61.1	0.563250	62.0	0.574766	63.1	0.585288	64.1	0.594802	65.0	0.605422	66.0	14
0.556994	61.4	0.567430	62.4	0.577917	63.4	0.588455	64.4	0.599043	65.4	0.609684	66.4	13
0.561162	61.8	0.571619	62.8	0.582126	63.8	0.591626	64.7	0.602230	65.7	0.612886	66.7	12
0.564294	62.1	0.574766	63.1	0.585288	64.1	0.595861	65.1	0.605422	66.0	0.616093	67.0	11
0.568477	62.5	0.578968	63.5	0.588455	64.4	0.599043	65.4	0.609684	66.4	0.620376	67.4	10
0.571619	62.8	0.582126	63.8	0.592684	64.8	0.602230	65.7	0.612886	66.7	0.623594	67.7	9
0.575816	63.2	0.585288	64.1	0.595861	65.1	0.606486	66.1	0.616093	67.0	0.626817	68.0	8
0.578968	63.5	0.589511	64.5	0.599043	65.4	0.609684	66.4	0.620376	67.4	0.631121	68.4	7
0.582126	63.8	0.592684	64.8	0.603293	65.8	0.612886	66.7	0.623594	67.7	0.634355	68.7	6
0.586343	64.2	0.595861	65.1	0.606486	66.1	0.617163	67.1	0.626817	68.0	0.637593	69.0	5
0.589511	64.5	0.600105	65.5	0.609684	66.4	0.620376	67.4	0.631121	68.4	0.640836	69.3	4
0.592684	64.8	0.603293	65.8	0.613955	66.8	0.623594	67.7	0.634355	68.7	0.644084	69.6	3
0.596922	65.2	0.606486	66.1	0.617163	67.1	0.626817	68.0	0.637593	69.0	0.648422	70.0	2
0.600105	65.5	0.609684	66.4	0.620376	67.4	0.631121	68.4	0.640836	69.3	0.651681	70.3	1
0.603293	65.8	0.613955	66.8	0.623594	67.7	0.634355	68.7	0.644084	69.6	0.654945	70.6	0

续表

酒精计读数

温度在20℃时用体积百分数或质量百分数表示酒精度

溶液温度/℃	53 体积分数	53 质量分数	54 体积分数	54 质量分数	55 体积分数	55 质量分数	56 体积分数	56 质量分数	57 体积分数	57 质量分数	58 体积分数	58 质量分数
40	45.5	0.397552	46.6	0.408203	47.6	0.417934	48.6	0.427710	49.7	0.438516	50.8	0.449378
39	45.9	0.401419	47.0	0.412090	48.0	0.421839	49.0	0.431633	50.1	0.442459	51.1	0.452350
38	46.3	0.405293	47.3	0.415010	48.3	0.424772	49.3	0.434580	50.4	0.445422	51.5	0.456319
37	46.6	0.408203	47.7	0.418909	48.7	0.42869	49.7	0.438516	50.8	0.449378	51.9	0.460296
36	47.0	0.41209	48.1	0.422816	49.1	0.432615	50.1	0.442459	51.2	0.453342	52.2	0.463284
35	47.4	0.415984	48.5	0.426730	49.5	0.436547	50.5	0.446410	51.6	0.457313	52.6	0.467273
34	47.8	0.419885	48.8	0.429670	49.8	0.439501	50.8	0.449378	51.9	0.460296	53.0	0.471271
33	48.2	0.423794	49.2	0.433597	50.2	0.443446	51.2	0.453342	52.3	0.46428	53.3	0.474274
32	48.6	0.42771	49.6	0.437531	50.6	0.447399	51.6	0.457313	52.7	0.468272	53.7	0.478285
31	48.9	0.430651	49.9	0.440487	50.9	0.450368	51.9	0.460296	53.0	0.471271	54.0	0.481298
30	49.3	0.434580	50.3	0.444434	51.3	0.454334	52.3	0.464280	53.4	0.475276	54.4	0.485321
29	49.6	0.437531	50.7	0.448388	51.7	0.458307	52.7	0.468272	53.7	0.478285	54.8	0.489353
28	50.0	0.441473	51.0	0.451359	52.1	0.462287	53.1	0.472271	54.1	0.482303	55.1	0.492382
27	50.4	0.445422	51.4	0.455326	52.4	0.465278	53.4	0.475276	54.5	0.486329	55.5	0.496427
26	50.8	0.449378	51.8	0.459301	52.8	0.469271	53.8	0.479288	54.8	0.489353	55.8	0.499465
25	51.1	0.452350	52.2	0.463284	53.2	0.473272	54.2	0.483309	55.2	0.493392	56.2	0.503524
24	51.5	0.456319	52.5	0.466275	53.5	0.476278	54.5	0.486329	55.6	0.497439	56.6	0.507590
23	51.9	0.460296	52.9	0.470271	53.9	0.480293	54.9	0.490362	55.9	0.500479	56.9	0.510645

0.463284	52.2	0.474274	53.3	0.484315	54.3	0.494403	55.3	0.504540	56.3	0.514724	57.3	22		
0.467273	52.6	0.477281	53.6	0.487336	54.6	0.497439	55.6	0.507590	56.6	0.517789	57.6	21		
0.471271	53.0	0.481298	54.0	0.491372	55.0	0.501494	56.0	0.511664	57.0	0.521883	58.0	20		
0.475276	53.4	0.485321	54.4	0.495415	55.4	0.505556	56.4	0.515745	57.4	0.525984	58.4	19		
0.478285	53.7	0.488344	54.7	0.498452	55.7	0.508608	56.7	0.518812	57.7	0.529065	58.7	18		
0.482303	54.1	0.492382	55.1	0.502509	56.1	0.512684	57.1	0.522907	58.1	0.533180	59.1	17		
0.486329	54.5	0.496427	55.5	0.506573	56.5	0.516767	57.5	0.527010	58.5	0.537302	59.5	16		
0.489353	54.8	0.499465	55.8	0.509626	56.8	0.519835	57.8	0.530093	58.8	0.540400	59.8	15		
0.493392	55.2	0.503524	56.2	0.513704	57.2	0.523932	58.2	0.533180	59.1	0.543501	60.1	14		
0.497439	55.6	0.507590	56.6	0.516767	57.5	0.527010	58.5	0.537302	59.5	0.547644	60.5	13		
0.500479	55.9	0.510645	56.9	0.520858	57.9	0.530093	58.8	0.540400	59.8	0.550756	60.8	12		
0.504540	56.3	0.513704	57.2	0.523932	58.2	0.533180	59.1	0.544536	60.2	0.554913	61.2	11		
0.507590	56.6	0.517789	57.6	0.528037	58.6	0.538334	59.6	0.547644	60.5	0.558035	61.5	10		
0.511664	57.0	0.521883	58.0	0.531121	58.9	0.541433	59.9	0.551794	60.9	0.562206	61.9	9		
0.515745	57.4	0.524958	58.3	0.535240	59.3	0.545572	60.3	0.554913	61.2	0.565339	62.2	8		
0.518812	57.7	0.529065	58.7	0.538334	59.6	0.548681	60.6	0.559077	61.6	0.568477	62.5	7		
0.522907	58.1	0.532150	59.0	0.542467	60.0	0.552833	61.0	0.562206	61.9	0.572667	62.9	6		
0.525984	58.4	0.536271	59.4	0.545572	60.3	0.555953	61.3	0.566384	62.3	0.575816	63.2	5		
0.530093	58.8	0.539367	59.7	0.549718	60.7	0.559077	61.6	0.569523	62.6	0.580020	63.6	4		
0.533180	59.1	0.543501	60.1	0.552833	61.0	0.563250	62.0	0.572667	62.9	0.583179	63.9	3		
0.536271	59.4	0.546607	60.4	0.556994	61.4	0.566384	62.3	0.576866	63.3	0.586343	64.2	2		
0.540400	59.8	0.549718	60.7	0.560119	61.7	0.569523	62.6	0.580020	63.6	0.590568	64.6	1		
0.543501	60.1	0.553873	61.1	0.563250	62.0	0.573716	63.0	0.583179	63.9	0.593743	64.9	0		

续表

酒精计读数

温度在20℃时用体积百分数或质量百分数表示酒精度

溶液温度/℃	47		48		49		50		51		52	
	体积分数	质量分数	体积分数	质量分数	体积分数	质量分数	体积分数	质量分数	体积分数	质量分数	体积分数	质量分数
40	39.2	0.337579	40.4	0.348869	41.4	0.358325	42.4	0.367824	43.4	0.377368	44.4	0.386955
39	39.6	0.341336	40.8	0.352646	41.8	0.362120	42.7	0.370683	43.8	0.381197	44.8	0.390802
38	40.0	0.345099	41.2	0.356430	42.2	0.365921	43.1	0.374500	44.2	0.385034	45.2	0.394656
37	40.4	0.348869	41.5	0.359273	42.5	0.368777	43.5	0.378324	44.5	0.387916	45.5	0.397552
36	40.8	0.352646	41.9	0.363069	42.9	0.372590	43.9	0.382156	44.9	0.391765	45.9	0.401419
35	41.2	0.356430	42.3	0.366873	43.3	0.376411	44.3	0.385994	45.3	0.395621	46.3	0.405293
34	41.5	0.359273	42.7	0.370683	43.7	0.380239	44.7	0.389840	45.7	0.399485	46.7	0.409174
33	41.9	0.363069	43.1	0.374500	44.1	0.384074	45.0	0.392728	46.1	0.403355	47.1	0.413063
32	42.4	0.367824	43.4	0.377368	44.4	0.386955	45.4	0.396586	46.4	0.406263	47.4	0.415984
31	42.7	0.370683	43.8	0.381197	44.8	0.390802	45.8	0.400452	46.8	0.410146	47.8	0.419885
30	43.1	0.374500	44.2	0.385034	45.2	0.394656	46.2	0.404324	47.2	0.414036	48.2	0.423794
29	43.5	0.378324	44.5	0.387916	45.6	0.398518	46.6	0.408203	47.6	0.417934	48.6	0.427710
28	43.9	0.382156	44.9	0.391765	45.9	0.401419	47.0	0.412090	48.0	0.421839	49.0	0.431633
27	44.3	0.385994	45.3	0.395621	46.3	0.405293	47.3	0.415010	48.3	0.424772	49.4	0.435563
26	44.7	0.389840	45.7	0.399485	46.7	0.409174	47.7	0.418909	48.7	0.428690	49.7	0.438516
25	45.1	0.393692	46.1	0.403355	47.1	0.413063	48.1	0.422816	49.1	0.432615	50.1	0.442459
24	45.4	0.396586	46.4	0.406263	47.5	0.416959	48.5	0.426730	49.5	0.436547	50.4	0.445422
23	45.8	0.400452	46.8	0.410146	47.8	0.419885	48.9	0.430651	49.9	0.440487	50.9	0.450368

22	51.2	0.453342	50.2	0.443446	49.2	0.433597	48.2	0.423794	47.2	0.414036	46.2	0.404324
21	51.6	0.457313	50.6	0.447399	49.6	0.437531	48.6	0.427710	47.6	0.417934	46.6	0.408203
20	52.2	0.463284	51.0	0.451359	50.0	0.441473	49.0	0.431633	48.0	0.421839	47.0	0.412090
19	52.4	0.465278	51.4	0.455326	50.4	0.445422	49.4	0.435563	48.4	0.425751	47.4	0.415984
18	52.7	0.468272	51.7	0.458307	50.7	0.448388	49.8	0.439501	48.8	0.429670	47.8	0.419885
17	53.1	0.472271	52.1	0.462287	51.1	0.452350	50.1	0.442459	49.2	0.433597	48.2	0.423794
16	53.5	0.476278	52.5	0.466275	51.5	0.456319	50.5	0.446410	49.5	0.436547	48.6	0.427710
15	53.9	0.480293	52.9	0.470271	51.9	0.460296	50.9	0.450368	49.9	0.440487	48.9	0.430651
14	54.3	0.484315	53.2	0.473272	52.2	0.463284	51.3	0.454334	50.3	0.444434	49.3	0.434580
13	54.6	0.487336	53.6	0.477281	52.6	0.467273	51.6	0.457313	50.7	0.448388	49.7	0.438516
12	55.0	0.491372	54.0	0.481298	53.0	0.471271	52.0	0.461291	51.0	0.451359	50.1	0.442459
11	55.3	0.494403	54.3	0.484315	53.4	0.475276	52.4	0.465278	51.4	0.455326	50.4	0.445422
10	55.7	0.498452	54.7	0.488344	53.7	0.478285	52.8	0.469271	51.8	0.459301	50.8	0.449378
9	56.0	0.501494	55.1	0.492382	54.1	0.482303	53.1	0.472271	52.2	0.463284	51.2	0.453342
8	56.4	0.505556	55.4	0.495415	54.5	0.486329	53.5	0.476278	52.5	0.466275	51.6	0.457313
7	56.8	0.509626	55.8	0.499465	54.8	0.489353	53.9	0.480293	52.9	0.470271	51.9	0.460296
6	57.1	0.512684	56.1	0.502509	55.2	0.493392	54.2	0.483309	53.2	0.473272	52.3	0.464280
5	57.4	0.515745	56.5	0.506573	55.5	0.496427	54.6	0.487336	53.6	0.477281	52.7	0.468272
4	57.8	0.519835	56.8	0.509626	55.9	0.500479	54.9	0.490362	54.0	0.481298	53.0	0.471271
3	58.2	0.523932	57.2	0.513704	56.2	0.503524	55.3	0.494403	54.3	0.484315	53.4	0.475276
2	58.5	0.527010	57.5	0.516767	56.6	0.507590	55.6	0.497439	54.7	0.488344	53.8	0.479288
1	58.8	0.530093	57.9	0.520858	57.0	0.511664	56.0	0.501494	55.0	0.491372	54.1	0.482303
0	59.2	0.534210	58.2	0.523932	57.3	0.514724	56.4	0.505556	55.4	0.495415	54.5	0.486329

续表

酒精计读数

温度在20℃时用体积百分数或质量百分数表示酒精度

溶液温度/℃	41		42		43		44		45		46	
	体积分数	质量分数	体积分数	质量分数	体积分数	质量分数	体积分数	质量分数	体积分数	质量分数	体积分数	质量分数
40	33.0	0.280220	34.0	0.289363	35.0	0.298547	36.1	0.308698	37.0	0.317041	38.2	0.328218
39	33.4	0.283872	34.4	0.293031	35.4	0.302232	36.5	0.312402	37.4	0.320760	38.4	0.330087
38	33.8	0.287531	34.8	0.296707	35.8	0.305924	36.9	0.316112	37.8	0.324486	39.0	0.335704
37	34.2	0.291196	35.2	0.300389	36.2	0.309623	37.3	0.319830	38.2	0.328218	39.4	0.339457
36	34.6	0.294868	35.6	0.304078	36.6	0.313329	37.7	0.323554	38.6	0.331957	39.8	0.343217
35	35.0	0.298547	36.0	0.307773	37.0	0.317041	38.1	0.327284	39.0	0.335704	40.2	0.346983
34	35.4	0.302232	36.4	0.311475	37.4	0.320760	38.5	0.331022	39.5	0.340396	40.5	0.349813
33	35.8	0.305924	36.8	0.315184	37.8	0.324486	38.9	0.334766	39.9	0.344158	40.9	0.353592
32	36.2	0.309623	37.2	0.318900	38.2	0.328218	39.3	0.338518	40.3	0.347926	41.3	0.357378
31	36.6	0.313329	37.6	0.322622	38.6	0.331957	39.7	0.342276	40.7	0.351701	41.7	0.361170
30	37.0	0.317041	38.0	0.326351	39.0	0.335704	40.1	0.346041	41.1	0.355484	42.1	0.364970
29	37.4	0.320760	38.4	0.330087	39.4	0.339457	40.6	0.350757	41.5	0.359273	42.5	0.368777
28	37.8	0.324486	38.8	0.333830	39.8	0.343217	40.8	0.352646	41.9	0.363069	42.9	0.372590
27	38.2	0.328218	39.2	0.337579	40.2	0.346983	41.2	0.356430	42.3	0.366873	43.3	0.376411
26	38.6	0.331957	39.6	0.341336	40.6	0.350757	41.6	0.360221	42.7	0.370683	43.7	0.380239
25	39.0	0.335704	40.0	0.345099	41.0	0.354538	42.0	0.364019	43.0	0.373545	44.1	0.384074
24	39.4	0.339457	40.4	0.348869	41.4	0.358325	42.4	0.367824	43.4	0.377368	44.4	0.386955
23	39.8	0.343217	40.8	0.352646	41.8	0.362120	42.8	0.371636	43.8	0.381197	44.8	0.390802

0.346983	40.2	0.356430	41.2	0.365921	42.2	0.375455	43.2	0.385034	44.2	0.394656	45.2	22
0.350757	40.6	0.360221	41.6	0.369730	42.6	0.379281	43.6	0.388877	44.6	0.398518	45.6	21
0.354538	41.0	0.364019	42.0	0.373545	43.0	0.383115	44.0	0.392728	45.0	0.402387	46.0	20
0.358325	41.4	0.367824	42.4	0.377368	43.4	0.386955	44.4	0.396586	45.4	0.406263	46.4	19
0.362120	41.8	0.371636	42.8	0.381197	43.8	0.390802	44.8	0.400452	45.8	0.410146	46.8	18
0.365921	42.2	0.375455	43.2	0.385034	44.2	0.394656	45.2	0.404324	46.2	0.414036	47.2	17
0.369730	42.6	0.379281	43.6	0.388877	44.6	0.398518	45.6	0.408203	46.6	0.417934	47.6	16
0.373545	43.0	0.383115	44.0	0.392728	45.0	0.402387	46.0	0.412090	47.0	0.420862	47.9	15
0.377368	43.4	0.386955	44.4	0.396586	45.4	0.406263	46.4	0.415010	47.3	0.424772	48.3	14
0.381197	43.8	0.390802	44.8	0.400452	45.8	0.409174	46.7	0.418909	47.7	0.428690	48.7	13
0.385034	44.2	0.394656	45.2	0.403355	46.1	0.413063	47.1	0.422816	48.1	0.432615	49.1	12
0.388877	44.6	0.398518	45.6	0.407233	46.5	0.416959	47.5	0.426730	48.5	0.436547	49.5	11
0.392728	45.0	0.402387	46.0	0.411118	46.9	0.420862	47.9	0.430651	48.9	0.439501	49.8	10
0.396586	45.4	0.406263	46.4	0.415010	47.3	0.424772	48.3	0.433597	49.2	0.443446	50.2	9
0.400452	45.8	0.409174	46.7	0.418909	47.7	0.427710	48.6	0.437531	49.6	0.447399	50.6	8
0.404324	46.2	0.413063	47.1	0.422816	48.1	0.431633	49.0	0.441473	50.0	0.451359	51.0	7
0.407233	46.5	0.416959	47.5	0.425751	48.4	0.435563	49.4	0.445422	50.4	0.454334	51.3	6
0.411118	46.9	0.420862	47.9	0.429670	48.8	0.439501	49.8	0.449378	50.8	0.458307	51.7	5
0.415010	47.3	0.423794	48.2	0.433597	49.2	0.443446	50.2	0.452350	51.1	0.462287	52.1	4
0.418909	47.7	0.427710	48.6	0.437531	49.6	0.446410	50.5	0.456319	51.5	0.465278	52.4	3
0.421839	48.0	0.431633	49.0	0.440487	49.9	0.450368	50.9	0.459301	51.8	0.469271	52.8	2
0.425751	48.4	0.435563	49.4	0.444434	50.3	0.454334	51.3	0.463284	52.2	0.473272	53.2	1
0.429670	48.8	0.438516	49.7	0.448388	50.7	0.457313	51.6	0.467273	52.6	0.476278	53.5	0

续表

溶液温度/℃	酒精计读数											
	35		36		37		38		39		40	
	体积分数	质量分数	体积分数	质量分数	体积分数	质量分数	体积分数	质量分数	体积分数	质量分数	体积分数	质量分数
40	26.8	0.224439	28.0	0.235115	29.0	0.244056	30.0	0.253036	31.0	0.262057	32.0	0.271118
39	27.2	0.227992	28.4	0.238687	29.4	0.247643	30.4	0.256639	31.4	0.265676	32.4	0.274754
38	27.7	0.232441	28.8	0.242264	29.8	0.251237	30.8	0.260249	31.8	0.269302	32.8	0.278396
37	28.0	0.235115	29.2	0.245849	30.2	0.254837	31.2	0.263866	32.2	0.272935	33.2	0.282045
36	28.4	0.238687	29.6	0.249439	30.6	0.258444	31.6	0.267488	32.6	0.276574	33.6	0.285700
35	28.8	0.242264	30.0	0.253036	31.0	0.262057	32.0	0.271118	33.0	0.280220	34.0	0.289363
34	29.3	0.246746	30.4	0.256639	31.4	0.265676	32.4	0.274754	33.4	0.283872	34.4	0.293031
33	29.7	0.250338	30.8	0.260249	31.8	0.269302	32.8	0.278396	33.8	0.287531	34.8	0.296707
32	30.1	0.253936	31.2	0.263866	32.2	0.272935	33.2	0.282045	34.2	0.291196	35.2	0.300389
31	30.5	0.257541	31.6	0.267488	32.6	0.276574	33.6	0.285700	34.6	0.294868	35.6	0.304078
30	30.9	0.261153	32.0	0.271118	33.0	0.280220	34.0	0.289363	35.0	0.298547	36.0	0.307773
29	31.3	0.264771	32.3	0.273844	33.4	0.283872	34.4	0.293031	35.4	0.302232	36.4	0.311475
28	31.7	0.268395	32.8	0.278396	33.8	0.287531	34.8	0.296707	35.8	0.305924	36.8	0.315184
27	32.2	0.272935	33.2	0.282045	34.2	0.291196	35.2	0.300389	36.2	0.309623	37.2	0.318900
26	32.6	0.276574	33.6	0.285700	34.6	0.294868	35.6	0.304078	36.6	0.313329	37.6	0.322622
25	33.0	0.280220	34.0	0.289363	35.0	0.298547	36.0	0.307773	37.0	0.317041	38.0	0.326351
24	33.4	0.283872	34.4	0.293031	35.4	0.302232	36.4	0.311475	37.4	0.320760	38.4	0.330087
23	33.8	0.287531	34.8	0.296707	35.8	0.305924	36.8	0.315184	37.8	0.324486	38.8	0.333830

温度在20℃时用体积百分数或质量百分数表示酒精度

22	39.2	0.337579	38.2	0.328218	37.2	0.318900	36.2	0.309623	35.2	0.300389	34.2	0.291196
21	39.6	0.341336	38.6	0.331957	37.6	0.322622	36.6	0.313329	35.6	0.304078	34.6	0.294868
20	40.0	0.345099	39.0	0.335704	38.0	0.326351	37.0	0.317041	36.0	0.307773	35.0	0.298547
19	40.4	0.348869	39.4	0.339457	38.4	0.330087	37.4	0.320760	36.4	0.311475	35.4	0.302232
18	40.8	0.352646	39.8	0.343217	38.8	0.333830	37.8	0.324486	36.8	0.315184	35.8	0.305924
17	41.2	0.356430	40.2	0.346983	39.2	0.337579	38.2	0.328218	37.2	0.318900	36.2	0.309623
16	41.6	0.360221	40.6	0.350757	39.6	0.341336	38.6	0.331957	37.6	0.322622	36.6	0.313329
15	42.0	0.364019	41.0	0.354538	40.0	0.345099	39.0	0.335704	38.0	0.326351	37.0	0.317041
14	42.4	0.367824	41.4	0.358325	40.4	0.348869	39.4	0.339457	38.4	0.330087	37.4	0.320760
13	42.8	0.371636	41.8	0.36212	40.8	0.352646	39.8	0.343217	38.8	0.333830	37.8	0.324486
12	43.2	0.375455	42.2	0.365921	41.2	0.356430	40.2	0.346983	39.2	0.337579	38.2	0.328218
11	43.6	0.379281	42.6	0.369730	41.6	0.360221	40.6	0.350757	39.6	0.341336	38.7	0.332893
10	44.0	0.383115	43.0	0.373545	42.0	0.364019	41.0	0.354538	40.1	0.346041	39.1	0.336641
9	44.4	0.386955	43.4	0.377368	42.4	0.367824	41.4	0.358325	40.5	0.349813	39.5	0.340396
8	44.8	0.390802	43.8	0.381197	42.8	0.371636	41.9	0.363069	40.9	0.353592	39.9	0.344158
7	45.2	0.394656	44.2	0.385034	43.2	0.375455	42.3	0.366873	41.3	0.357378	40.3	0.347926
6	45.6	0.398518	44.6	0.388877	43.6	0.379281	42.7	0.370683	41.7	0.361170	40.7	0.351701
5	46.0	0.402387	45.0	0.392728	44.0	0.383115	43.1	0.374500	42.1	0.364970	41.1	0.355484
4	46.3	0.405293	45.4	0.396586	44.4	0.386955	43.4	0.377368	42.5	0.368777	41.5	0.359273
3	46.7	0.409174	45.8	0.400452	44.8	0.390802	43.8	0.381197	42.9	0.372590	41.9	0.363069
2	47.1	0.413063	46.1	0.403355	45.2	0.394656	44.2	0.385034	43.3	0.376411	42.3	0.366873
1	47.5	0.416959	46.5	0.407233	45.6	0.398518	44.6	0.388877	43.7	0.380239	42.7	0.370683
0	47.8	0.419885	46.9	0.411118	46.0	0.402387	45.0	0.392728	44.0	0.383115	43.1	0.374500

续表

酒精计读数

温度在20℃时用体积百分数或质量百分数表示酒精度

溶液温度/℃	29 体积分数	29 质量分数	30 体积分数	30 质量分数	31 体积分数	31 质量分数	32 体积分数	32 质量分数	33 体积分数	33 质量分数	34 体积分数	34 质量分数
40	21.2	0.175361	22.2	0.184036	23.0	0.191004	24.0	0.199749	24.8	0.206772	25.8	0.215586
39	21.6	0.178827	22.6	0.187517	23.4	0.194497	24.4	0.203257	25.2	0.210293	26.2	0.219123
38	22.0	0.182298	23.0	0.191004	23.8	0.197997	24.8	0.206772	25.7	0.214703	26.7	0.223552
37	22.4	0.185776	23.4	0.194497	24.2	0.201502	25.2	0.210293	26.0	0.217354	27.0	0.226215
36	22.8	0.189260	23.8	0.197997	24.6	0.205014	25.6	0.213820	26.4	0.220893	27.4	0.229770
35	23.2	0.192750	24.2	0.201502	25.0	0.208532	26.0	0.217354	26.8	0.224439	27.8	0.233332
34	23.5	0.195372	24.5	0.204135	25.4	0.212056	26.4	0.220893	27.3	0.228881	28.3	0.237793
33	23.9	0.198872	24.9	0.207652	25.8	0.215586	26.8	0.224439	27.7	0.232441	28.7	0.241369
32	24.3	0.202379	25.3	0.211174	26.2	0.219123	27.2	0.227992	28.1	0.236008	29.1	0.244952
31	24.7	0.205893	25.7	0.214703	26.6	0.222666	27.6	0.231550	28.5	0.239581	29.5	0.248541
30	25.1	0.209412	26.1	0.218238	27.0	0.226215	28.0	0.235115	28.9	0.243160	29.9	0.252136
29	25.5	0.212938	26.4	0.220893	27.4	0.229770	28.4	0.238687	29.4	0.247643	30.3	0.255738
28	25.9	0.216470	26.8	0.224439	27.8	0.233332	28.8	0.242264	29.7	0.250338	30.7	0.259346
27	26.3	0.220008	27.2	0.227992	28.2	0.236900	29.2	0.245849	30.2	0.254837	31.2	0.263866
26	26.6	0.222666	27.6	0.231550	28.6	0.240475	29.6	0.249439	30.6	0.258444	31.6	0.267488
25	27.0	0.226215	28.0	0.235115	29.0	0.244056	30.0	0.253036	31.0	0.262057	32.0	0.271118
24	27.4	0.229770	28.4	0.238687	29.4	0.247643	30.4	0.256639	31.4	0.265676	32.4	0.274754
23	27.8	0.233332	28.8	0.242264	29.8	0.251237	30.8	0.260249	31.8	0.269302	32.8	0.278396

22	33.2	0.282045	32.2	0.272935	31.2	0.263866	30.2	0.254837	29.2	0.245849	28.2	0.23690
21	33.6	0.285700	32.6	0.276574	31.6	0.267488	30.6	0.258444	29.6	0.249439	28.6	0.240475
20	34.0	0.289363	33.0	0.280220	32.0	0.271118	31.0	0.262057	30.0	0.253036	29.0	0.244056
19	34.4	0.293031	33.4	0.283872	32.4	0.274754	31.4	0.265676	30.4	0.256639	29.4	0.247643
18	34.8	0.296707	33.8	0.287531	32.8	0.278396	31.8	0.269302	30.8	0.260249	29.8	0.251237
17	35.2	0.300389	34.2	0.291196	33.2	0.282045	32.2	0.272935	31.2	0.263866	30.2	0.254837
16	35.6	0.304078	34.6	0.294868	33.6	0.285700	32.6	0.276574	31.6	0.267488	30.6	0.258444
15	36.0	0.307773	35.0	0.298547	34.0	0.289363	33.0	0.280220	32.0	0.271118	31.0	0.262057
14	36.4	0.311475	35.4	0.302232	34.4	0.293031	33.4	0.283872	32.4	0.274754	31.4	0.265676
13	36.8	0.315184	35.9	0.306849	34.9	0.297627	33.9	0.288446	32.8	0.278396	31.8	0.269302
12	37.3	0.319830	36.3	0.312333	35.3	0.301310	34.3	0.292114	33.3	0.282958	32.3	0.273844
11	37.7	0.323554	36.7	0.314256	35.7	0.305001	34.7	0.295787	33.7	0.286615	32.7	0.277485
10	38.1	0.327284	37.1	0.317970	36.1	0.308698	35.1	0.299468	34.1	0.290279	33.1	0.281132
9	38.5	0.331022	37.5	0.321691	36.5	0.312402	35.5	0.303155	34.5	0.29395	33.5	0.284786
8	38.9	0.334766	37.9	0.325418	36.9	0.316112	36.0	0.307773	35.0	0.298547	33.9	0.288446
7	39.3	0.338518	38.3	0.329152	37.3	0.319830	36.4	0.311475	35.4	0.302232	34.4	0.293031
6	39.7	0.342276	38.8	0.333830	37.8	0.324486	36.8	0.315184	35.8	0.305924	34.8	0.296707
5	40.1	0.346041	39.2	0.337579	38.2	0.328218	37.2	0.318900	36.2	0.309623	35.2	0.300389
4	40.5	0.349813	39.6	0.341336	38.6	0.331957	37.6	0.322622	36.6	0.313329	35.6	0.304078
3	40.9	0.353592	40.0	0.345099	39.0	0.335704	38.0	0.326351	37.1	0.317970	36.0	0.307773
2	41.3	0.357378	40.4	0.348869	39.4	0.339457	38.4	0.330087	37.5	0.321691	36.5	0.312402
1	41.7	0.361170	40.8	0.352646	39.8	0.343217	38.9	0.334766	37.9	0.325418	36.9	0.316112
0	42.1	0.364970	41.2	0.356430	40.2	0.346983	39.3	0.338518	38.3	0.329152	37.3	0.319830

续表

溶液温度/℃	酒精计读数											
	28		27		26		25		24		23	
	体积分数	质量分数	体积分数	质量分数	体积分数	质量分数	体积分数	质量分数	体积分数	质量分数	体积分数	质量分数
	温度在20℃时用体积百分数或质量百分数表示酒精度											
40	20.4	0.168448	19.4	0.159841	18.6	0.152982	17.8	0.146147	17.0	0.139336	16.2	0.132549
39	20.8	0.171901	19.8	0.163279	19.0	0.156408	18.2	0.149562	17.4	0.142739	16.5	0.135091
38	21.2	0.175361	20.2	0.166724	19.3	0.158982	18.5	0.152126	17.7	0.145295	16.9	0.138486
37	21.5	0.177960	20.5	0.169311	19.7	0.162419	18.9	0.155551	18.0	0.147854	17.2	0.141037
36	21.9	0.181430	20.9	0.172766	20.1	0.165862	19.2	0.158124	18.4	0.151271	17.6	0.144442
35	22.3	0.184906	21.3	0.176227	20.4	0.168448	19.6	0.161559	18.8	0.154695	17.9	0.147000
34	22.7	0.188388	21.7	0.179694	20.8	0.171901	20.0	0.165001	19.1	0.157266	18.2	0.149562
33	23.1	0.191877	22.2	0.184036	21.2	0.175361	20.3	0.167586	19.4	0.159841	18.6	0.152982
32	23.4	0.194497	22.4	0.185776	21.6	0.178827	20.7	0.171038	19.8	0.163279	18.9	0.155551
31	23.8	0.197997	22.8	0.189260	21.9	0.181430	21.0	0.173630	20.2	0.166724	19.3	0.158982
30	24.2	0.201502	23.2	0.192750	22.3	0.184906	21.4	0.177093	20.5	0.169311	19.6	0.161559
29	24.6	0.205014	23.6	0.196246	22.7	0.188388	21.8	0.180562	20.8	0.171901	19.9	0.164140
28	24.9	0.207652	24.0	0.199749	23.0	0.191004	22.1	0.183167	21.2	0.175361	20.2	0.166724
27	25.3	0.211174	24.4	0.203257	23.4	0.194497	22.5	0.186646	21.5	0.177960	20.6	0.170174
26	25.7	0.214703	24.7	0.205893	23.8	0.197997	22.8	0.189260	21.9	0.181430	20.9	0.172766
25	26.1	0.218238	25.1	0.209412	24.1	0.200625	23.2	0.192750	22.2	0.184036	21.3	0.176227
24	26.4	0.220893	25.5	0.212938	24.5	0.204135	23.5	0.195372	22.6	0.187517	21.6	0.178827
23	26.8	0.224439	25.8	0.215586	24.9	0.207652	23.9	0.198872	22.9	0.190132	22.0	0.182298

序号	温度	浓度	温度	浓度	温度	浓度	温度	浓度	温度	浓度	温度	浓度
22	22.3	0.184906	23.3	0.193623	24.3	0.202379	25.3	0.211174	26.2	0.219123	27.2	0.227992
21	22.6	0.187517	23.6	0.196246	24.6	0.205014	25.6	0.213820	26.6	0.222666	27.6	0.231550
20	23.0	0.191004	24.0	0.199749	25.0	0.208532	26.0	0.217354	27.0	0.226215	28.0	0.235115
19	23.3	0.193623	24.4	0.203257	25.4	0.212056	26.4	0.220893	27.4	0.229770	28.4	0.238687
18	23.7	0.197121	24.7	0.205893	25.7	0.214703	26.7	0.223552	27.8	0.233332	28.8	0.242264
17	24.0	0.199749	25.1	0.209412	26.1	0.218238	27.1	0.227103	28.1	0.236008	29.2	0.245849
16	24.4	0.203257	25.4	0.212056	26.5	0.221779	27.5	0.230660	28.5	0.239581	29.6	0.249439
15	24.7	0.205893	25.8	0.215586	26.8	0.224439	27.9	0.234223	28.9	0.243160	30.0	0.253036
14	25.1	0.209412	26.2	0.219123	27.2	0.227992	28.4	0.238687	29.3	0.246746	30.4	0.256639
13	25.4	0.212056	26.5	0.221779	27.6	0.231550	28.7	0.241369	29.7	0.250338	30.8	0.260249
12	25.8	0.215586	26.9	0.225327	28.0	0.235115	29.1	0.244952	30.2	0.254837	31.2	0.263866
11	26.2	0.219123	27.3	0.228881	28.4	0.238687	29.5	0.248541	30.6	0.258444	31.6	0.267488
10	26.6	0.222666	27.7	0.232441	28.8	0.242264	29.9	0.252136	31.0	0.262057	32.0	0.271118
9	26.9	0.225327	28.1	0.236008	29.2	0.245849	30.3	0.255738	31.4	0.265676	32.5	0.275664
8	27.3	0.228881	28.5	0.239581	29.6	0.249439	30.7	0.259346	31.8	0.269302	32.9	0.279308
7	27.7	0.232441	28.9	0.243160	30.0	0.253036	31.1	0.262961	32.2	0.272935	33.3	0.282958
6	28.1	0.236008	29.3	0.246746	30.4	0.256639	31.6	0.267488	32.7	0.277485	33.7	0.286615
5	28.5	0.239581	29.7	0.250338	30.8	0.260249	32.0	0.271118	33.1	0.281132	34.2	0.291196
4	28.9	0.243160	30.1	0.253936	31.3	0.264771	32.4	0.274754	33.5	0.284786	34.6	0.294868
3	29.3	0.246746	30.5	0.257541	31.7	0.268395	32.9	0.279308	34.0	0.289363	35.0	0.298547
2	29.7	0.250338	30.9	0.261153	32.3	0.273844	33.3	0.282958	34.4	0.293031	35.4	0.302232
1	30.1	0.253936	31.4	0.265676	32.6	0.276574	33.7	0.286615	34.8	0.296707	35.9	0.306849
0	30.6	0.258444	31.8	0.269302	33.0	0.280220	34.2	0.291196	35.5	0.303155	36.3	0.310549

续表

酒精计读数

温度在20℃时用体积百分数或质量百分数表示酒精度

溶液温度/℃	17		18		19		20		21		22	
	体积分数	质量分数	体积分数	质量分数	体积分数	质量分数	体积分数	质量分数	体积分数	质量分数	体积分数	质量分数
40	11.4	0.092314	12.2	0.098962	13.0	0.105633	13.6	0.110651	14.4	0.117363	15.2	0.124097
39	11.7	0.094804	12.5	0.101461	13.3	0.108141	13.9	0.113165	14.7	0.119886	15.5	0.126629
38	12.0	0.097298	12.8	0.103963	13.6	0.110651	14.2	0.115683	15.1	0.123254	15.9	0.130009
37	12.2	0.098962	13.1	0.106468	13.9	0.113165	14.6	0.119044	15.4	0.125785	16.2	0.132549
36	12.5	0.101461	13.4	0.108977	14.2	0.115683	14.9	0.121569	15.7	0.128319	16.6	0.135939
35	12.8	0.103963	13.6	0.110651	14.5	0.118203	15.2	0.124097	16.0	0.130856	16.9	0.138486
34	13.1	0.106468	13.9	0.113165	14.8	0.120727	15.5	0.126629	16.4	0.134243	17.2	0.141037
33	13.4	0.108977	14.2	0.115683	15.1	0.123254	15.8	0.129164	16.7	0.136788	17.6	0.144442
32	13.6	0.110651	14.5	0.118203	15.4	0.125785	16.2	0.132549	17.0	0.139336	17.9	0.147000
31	13.9	0.113165	14.8	0.120727	15.7	0.128319	16.5	0.135091	17.4	0.142739	18.3	0.150416
30	14.2	0.115683	15.1	0.123254	16.0	0.130856	16.8	0.137637	17.7	0.145295	18.6	0.152982
29	14.5	0.118203	15.4	0.125785	16.3	0.133396	17.2	0.141037	18.0	0.147854	19.0	0.156408
28	14.8	0.120727	15.7	0.128319	16.6	0.135939	17.5	0.143590	18.4	0.151271	19.3	0.158982
27	15.1	0.123254	16.0	0.130856	16.9	0.138486	17.8	0.146147	18.7	0.153838	19.6	0.161559
26	15.4	0.125785	16.3	0.133396	17.2	0.141037	18.1	0.148708	19.0	0.156408	20.0	0.165001
25	15.6	0.127474	16.6	0.135939	17.5	0.143590	18.4	0.151271	19.4	0.159841	20.3	0.167586
24	15.9	0.130009	16.9	0.138486	17.8	0.146147	18.7	0.153838	19.7	0.162419	20.7	0.171038
23	16.2	0.132549	17.1	0.140186	18.1	0.148708	19.0	0.156408	20.0	0.165001	21.0	0.173630

	温度/浓度		温度/浓度		温度/浓度		温度/浓度		温度/浓度		温度/浓度
22	16.5	0.135091	17.4	0.142739	18.4	0.151271	19.4	0.159841	20.4	0.168448	21.3	0.176227
21	16.7	0.136788	17.7	0.145295	18.7	0.153838	19.7	0.162419	20.7	0.171038	21.7	0.179694
20	17.1	0.140186	18.0	0.147854	19.0	0.156408	20.0	0.165001	21.0	0.173630	22.0	0.182298
19	17.3	0.141888	18.3	0.150416	19.3	0.158982	20.3	0.167586	21.3	0.176227	22.3	0.184906
18	17.6	0.144442	18.6	0.152982	19.6	0.161559	20.6	0.170174	21.6	0.178827	22.6	0.187517
17	17.8	0.146147	18.9	0.155551	19.9	0.164140	20.9	0.172766	22.0	0.182298	23.0	0.191004
16	18.1	0.148708	19.2	0.158124	20.2	0.166724	21.2	0.175361	22.3	0.184906	23.3	0.193623
15	18.3	0.150416	19.4	0.159841	20.5	0.169311	21.6	0.178827	22.6	0.187517	23.7	0.197121
14	18.6	0.152982	19.7	0.162419	20.8	0.171901	21.9	0.181430	23.0	0.191004	24.0	0.199749
13	18.8	0.154695	20.0	0.165001	21.1	0.174496	22.2	0.184036	23.3	0.193623	24.4	0.203257
12	19.1	0.157266	20.2	0.166724	21.4	0.177093	22.5	0.186646	23.6	0.196246	24.7	0.205893
11	19.4	0.159841	20.5	0.169311	21.7	0.179694	22.8	0.189260	23.9	0.198872	25.0	0.208532
10	19.6	0.161559	20.8	0.171901	22.0	0.182298	23.1	0.191877	24.3	0.202379	25.4	0.212056
9	19.9	0.164140	21.1	0.174496	22.3	0.184906	23.4	0.194497	24.6	0.205014	25.8	0.215586
8	20.1	0.165862	21.3	0.176227	22.6	0.187517	23.8	0.197997	24.9	0.207652	26.1	0.218238
7	20.4	0.168448	21.6	0.178827	22.8	0.189260	24.1	0.200625	25.3	0.211174	26.5	0.221779
6	20.6	0.170174	21.9	0.181430	23.2	0.192750	24.4	0.203257	25.6	0.213820	26.9	0.225327
5	20.9	0.172766	22.2	0.184036	23.4	0.194497	24.7	0.205893	26.0	0.217354	27.2	0.227992
4	21.1	0.174496	22.5	0.186646	23.8	0.197997	25.1	0.209412	26.4	0.220893	27.6	0.231550
3	21.4	0.177093	22.7	0.188388	24.1	0.200625	25.4	0.212056	26.8	0.224439	28.0	0.235115
2	21.6	0.178827	23.0	0.191004	24.4	0.203257	25.8	0.215586	27.1	0.227103	28.4	0.238687
1	21.8	0.180562	23.3	0.193623	24.7	0.205893	26.1	0.218238	27.5	0.230660	28.8	0.242264
0	22.0	0.182298	23.6	0.196246	25.1	0.209412	26.5	0.221779	27.9	0.234223	29.2	0.245849

续表

酒精计读数

温度在20℃时用体积百分数或质量百分数表示酒精度

溶液温度/℃	11		12		13		14		15		16	
	体积分数	质量分数	体积分数	质量分数	体积分数	质量分数	体积分数	质量分数	体积分数	质量分数	体积分数	质量分数
40	6.8	0.054526	7.6	0.061044	8.4	0.067585	9.2	0.074149	10.0	0.080734	10.8	0.087343
39	7.0	0.056153	7.8	0.062678	8.6	0.069224	9.4	0.075793	10.2	0.082384	11.1	0.089827
38	7.2	0.057782	8.0	0.064312	8.9	0.071685	9.7	0.078262	10.5	0.084862	11.3	0.091484
37	7.4	0.059413	8.3	0.066766	9.1	0.073327	9.9	0.07991	10.8	0.087343	11.6	0.093974
36	7.6	0.061044	8.5	0.068404	9.3	0.074971	10.2	0.082384	11.0	0.088998	11.8	0.095635
35	7.9	0.063495	8.7	0.070044	9.6	0.077439	10.4	0.084036	11.2	0.090655	12.1	0.09813
34	8.1	0.065130	8.9	0.071685	9.8	0.079086	10.6	0.085688	11.5	0.093144	12.4	0.100627
33	8.3	0.066766	9.1	0.073327	10.0	0.080734	10.9	0.088170	11.8	0.095635	12.6	0.102295
32	8.5	0.068404	9.4	0.075793	10.2	0.082384	11.0	0.088998	12.0	0.097298	12.9	0.104798
31	8.7	0.070044	9.6	0.077439	10.5	0.084862	11.4	0.092314	12.2	0.098962	13.1	0.106468
30	8.9	0.071685	9.8	0.079086	10.7	0.086515	11.6	0.093974	12.5	0.101461	13.4	0.108977
29	9.1	0.073327	10.0	0.080734	10.9	0.088170	11.8	0.095635	12.7	0.103129	13.6	0.110651
28	9.3	0.074971	10.3	0.08321	11.2	0.090655	12.1	0.098130	13.0	0.105633	13.9	0.113165
27	9.5	0.076616	10.5	0.084862	11.4	0.092314	12.3	0.099795	13.2	0.107304	14.2	0.115683
26	9.8	0.079086	10.7	0.086515	11.7	0.094804	12.6	0.102295	13.5	0.109814	14.4	0.117363
25	10.0	0.080734	10.8	0.087343	11.9	0.096466	12.8	0.103963	13.8	0.112327	14.7	0.119886
24	10.2	0.082384	11.2	0.090655	12.1	0.098130	13.1	0.106468	14.0	0.114004	15.0	0.122412
23	10.4	0.084036	11.4	0.092314	12.3	0.099795	13.3	0.108141	14.3	0.116523	15.2	0.124097

	温度	密度	温度	密度	温度	密度	温度	密度	温度	密度	温度	密度
22	10.6	0.085688	11.6	0.093974	12.6	0.102295	13.6	0.110651	14.5	0.118203	15.5	0.126629
21	10.8	0.087343	11.8	0.095635	12.9	0.104798	13.8	0.112327	14.8	0.120727	15.7	0.128319
20	11.0	0.088998	12.0	0.097298	13.0	0.105633	14.0	0.114004	15.0	0.122412	16.0	0.130856
19	11.2	0.090655	12.2	0.098962	13.2	0.107304	14.2	0.115683	15.2	0.124097	16.3	0.133396
18	11.4	0.092314	12.4	0.100627	13.4	0.108977	14.4	0.117363	15.5	0.126629	16.5	0.135091
17	11.5	0.093144	12.6	0.102295	13.6	0.110651	14.7	0.119886	15.7	0.128319	16.8	0.137637
16	11.7	0.094804	12.8	0.103963	13.8	0.112327	14.9	0.121569	15.9	0.130009	17.0	0.139336
15	11.9	0.096466	12.9	0.104798	14.0	0.114004	15.1	0.123254	16.2	0.132549	17.2	0.141037
14	12.0	0.097298	13.1	0.106468	14.2	0.115683	15.3	0.124941	16.4	0.134243	17.5	0.143590
13	12.2	0.098962	13.2	0.107304	14.4	0.117363	15.5	0.126629	16.6	0.135939	17.7	0.145295
12	12.3	0.099795	13.4	0.108977	14.5	0.118203	15.7	0.128319	16.8	0.137637	18.0	0.147854
11	12.4	0.100627	13.6	0.110651	14.7	0.119886	15.8	0.129164	17.0	0.139336	18.2	0.149562
10	12.6	0.102295	13.7	0.111489	14.9	0.121569	16.0	0.130856	17.2	0.141037	18.4	0.151271
9	12.7	0.103129	13.8	0.112327	15.0	0.122412	16.2	0.132549	17.4	0.142739	18.6	0.152982
8	12.8	0.103963	14.0	0.114004	15.1	0.123254	16.4	0.134243	17.6	0.144442	18.9	0.155551
7	12.9	0.104798	14.1	0.114843	15.3	0.124941	16.5	0.135091	17.8	0.146147	19.1	0.157266
6	13.0	0.105633	14.2	0.115683	15.4	0.125785	16.7	0.136788	18.0	0.147854	19.3	0.158982
5	13.0	0.105633	14.3	0.116523	15.6	0.127474	16.8	0.137637	18.2	0.149562	19.5	0.160700
4	13.1	0.106468	14.4	0.117363	15.7	0.128319	17.0	0.139336	18.3	0.150416	19.7	0.162419
3	13.2	0.107304	14.5	0.118203	15.8	0.129164	17.1	0.140186	18.5	0.152126	19.9	0.164140
2	13.2	0.107304	14.5	0.118203	15.9	0.130009	17.2	0.141037	18.6	0.152982	20.1	0.165862
1	13.3	0.108141	14.6	0.119044	15.9	0.130009	17.3	0.141888	18.8	0.154695	20.3	0.167586
0	13.3	0.108141	14.6	0.119044	16.0	0.130856	17.5	0.143590	19.0	0.156408	20.5	0.169311

续表

温度在20℃时用体积百分数或质量百分数表示酒精度

溶液温度/℃	酒精计读数											
	5		6		7		8		9		10	
	体积分数	质量分数	体积分数	质量分数	体积分数	质量分数	体积分数	质量分数	体积分数	质量分数	体积分数	质量分数
40	1.6	0.012689	2.4	0.019066	3.4	0.027067	4.2	0.033493	5.0	0.039940	5.8	0.046409
39	1.8	0.014281	2.6	0.020664	3.6	0.028672	4.4	0.035102	5.2	0.041555	6.0	0.048029
38	1.9	0.015078	2.8	0.022262	3.8	0.030277	4.6	0.036713	5.4	0.043171	6.2	0.049651
37	2.1	0.016672	2.9	0.023062	3.9	0.031081	4.8	0.038326	5.6	0.044789	6.4	0.051275
36	2.3	0.018268	3.1	0.024663	4.1	0.032688	5.0	0.03994	5.8	0.046409	6.6	0.052900
35	2.4	0.019066	3.3	0.026266	4.3	0.034297	5.2	0.041555	6.0	0.048029	6.8	0.054526
34	2.6	0.020664	3.5	0.027869	4.5	0.035908	5.3	0.042363	6.2	0.049651	7.1	0.056968
33	2.8	0.022262	3.7	0.029474	4.7	0.037519	5.5	0.043980	6.4	0.051275	7.3	0.058597
32	3.0	0.023863	3.8	0.030277	4.8	0.038326	5.7	0.045599	6.6	0.052900	7.5	0.060228
31	3.1	0.024663	4.0	0.031884	5.0	0.039940	5.9	0.047219	6.8	0.054526	7.7	0.061861
30	3.3	0.026266	4.2	0.033493	5.2	0.041555	6.1	0.048840	7.0	0.056153	7.9	0.063495
29	3.5	0.027869	4.4	0.035102	5.4	0.043171	6.3	0.050463	7.2	0.057782	8.2	0.065948
28	3.7	0.029474	4.6	0.036713	5.6	0.044789	6.5	0.052087	7.5	0.060228	8.4	0.067585
27	3.9	0.031081	4.8	0.038326	5.8	0.046409	6.7	0.053713	7.7	0.061861	8.6	0.069224
26	4.0	0.031884	5.0	0.039940	6.0	0.048029	6.9	0.055339	7.9	0.063495	8.8	0.070864
25	4.2	0.033493	5.2	0.041555	6.2	0.049651	7.1	0.056968	8.1	0.065130	9.0	0.072506
24	4.4	0.035102	5.4	0.043171	6.3	0.050463	7.3	0.058597	8.3	0.066766	9.2	0.074149
23	4.6	0.036713	5.5	0.043980	6.5	0.052087	7.5	0.060228	8.4	0.067585	9.4	0.075793

0.037519	4.7	0.045599	5.7	0.053713	6.7	0.061861	7.7	0.069224	8.6	0.077439	9.6	22
0.038326	4.8	0.046409	5.8	0.054526	6.8	0.062678	7.8	0.070864	8.8	0.079086	9.8	21
0.039940	5.0	0.048029	6.0	0.056153	7.0	0.064312	8.0	0.072506	9.0	0.080734	10.0	20
0.040747	5.1	0.048840	6.1	0.057782	7.2	0.065948	8.2	0.074149	9.2	0.082384	10.2	19
0.042363	5.3	0.050463	6.3	0.058597	7.3	0.066766	8.3	0.074971	9.3	0.084036	10.4	18
0.043171	5.4	0.051275	6.4	0.059413	7.4	0.068404	8.5	0.076616	9.5	0.084862	10.5	17
0.043980	5.5	0.052087	6.5	0.061044	7.6	0.069224	8.6	0.077439	9.6	0.086515	10.7	16
0.044789	5.6	0.052900	6.6	0.061861	7.7	0.070864	8.8	0.079086	9.8	0.087343	10.8	15
0.045599	5.7	0.053713	6.7	0.062678	7.8	0.071685	8.9	0.079910	9.9	0.088998	11.0	14
0.046409	5.8	0.054526	6.8	0.063495	7.9	0.072506	9.0	0.080734	10.0	0.089827	11.1	13
0.055339	6.9	0.055339	6.9	0.064312	8.0	0.073327	9.1	0.081559	10.1	0.090655	11.2	12
0.048029	6.0	0.056153	7.0	0.06513	8.1	0.074149	9.2	0.082384	10.2	0.091484	11.3	11
0.048029	6.0	0.056968	7.1	0.065948	8.2	0.074971	9.3	0.083210	10.3	0.092314	11.4	10
0.048029	6.0	0.056968	7.1	0.065948	8.2	0.074971	9.3	0.084036	10.4	0.093144	11.5	9
0.048029	6.0	0.057782	7.2	0.066766	8.3	0.075793	9.4	0.084862	10.5	0.093974	11.6	8
0.04884	6.1	0.057782	7.2	0.067585	8.4	0.076616	9.5	0.085688	10.6	0.094804	11.7	7
0.049651	6.2	0.058597	7.3	0.067585	8.4	0.076616	9.5	0.085688	10.6	0.095635	11.8	6
0.049651	6.2	0.058597	7.3	0.067585	8.4	0.077439	9.6	0.086515	10.7	0.095635	11.8	5
0.049651	6.2	0.058597	7.3	0.067585	8.4	0.077439	9.6	0.086515	10.7	0.096466	11.9	4
0.049651	6.2	0.058597	7.3	0.067585	8.4	0.077439	9.6	0.087343	10.8	0.097298	12.0	3
0.04884	6.1	0.057782	7.2	0.067585	8.4	0.077439	9.6	0.087343	10.8	0.097298	12.0	2
0.04884	6.1	0.057782	7.2	0.067585	8.4	0.077439	9.6	0.087343	10.8	0.097298	12.0	1
0.048029	6.0	0.057782	7.2	0.067585	8.4	0.077439	9.6	0.087343	10.8	0.097298	12.0	0

续表

酒精计读数

温度在20℃时用体积百分数或质量百分数表示酒精度

溶液温度/℃	0 体积分数	0 质量分数	1 体积分数	1 质量分数	2 体积分数	2 质量分数	3 体积分数	3 质量分数	4 体积分数	4 质量分数
40									0.8	0.006334
39									1.0	0.007921
38							0.1	0.000791	1.1	0.008715
37							0.3	0.002373	1.3	0.010304
36							0.4	0.003164	1.4	0.011098
35							0.6	0.004749	1.6	0.012689
34							0.8	0.006334	1.8	0.014281
33							0.9	0.007127	1.9	0.015078
32					0.1	0.000791	1.1	0.008715	2.1	0.016672
31					0.2	0.001582	1.2	0.009509	2.2	0.01747
30					0.4	0.003164	1.4	0.011098	2.4	0.019066
29					0.6	0.004749	1.6	0.012689	2.5	0.019865
28					0.8	0.006334	1.8	0.014281	2.7	0.021463
27					1.0	0.007921	1.9	0.015078	2.9	0.023062
26			0.1	0.000791	1.1	0.008715	2.1	0.016672	3.1	0.024663
25			0.3	0.002373	1.3	0.010304	2.3	0.018268	3.2	0.025464
24			0.4	0.003164	1.4	0.011098	2.4	0.019066	3.4	0.027067
23			0.6	0.004749	1.6	0.012689	2.6	0.020664	3.6	0.028672

22	0.029474	3.7	0.021463	2.7	0.013485	1.7	0.005541	0.7		
21	0.030277	3.8	0.023062	2.9	0.015078	1.9	0.007127	0.9		
20	0.031884	4.0	0.023863	3.0	0.015875	2.0	0.007921	1.0	0.000791	0.0
19	0.032688	4.1	0.024663	3.1	0.016672	2.1	0.008715	1.1	0.001582	0.1
18	0.033493	4.2	0.025464	3.2	0.01747	2.2	0.009509	1.2	0.002373	0.2
17	0.035102	4.4	0.027067	3.4	0.019066	2.4	0.010304	1.3	0.003164	0.3
16	0.035908	4.5	0.027067	3.4	0.019066	2.4	0.011098	1.4	0.004749	0.4
15	0.036713	4.6	0.028672	3.6	0.020664	2.6	0.011894	1.5	0.004749	0.6
14	0.037519	4.7	0.028672	3.6	0.020664	2.6	0.012689	1.6	0.005541	0.6
13	0.038326	4.8	0.029474	3.7	0.021463	2.7	0.013485	1.7	0.005541	0.7
12	0.038326	4.8	0.030277	3.8	0.022262	2.8	0.013485	1.7	0.006334	0.7
11	0.039133	4.9	0.031081	3.9	0.023062	2.9	0.014281	1.8	0.006334	0.8
10	0.03994	5.0	0.031081	3.9	0.023062	2.9	0.015078	1.9	0.007127	0.8
9	0.03994	5.0	0.031884	4.0	0.023062	2.9	0.015078	1.9	0.007127	0.9
8	0.03994	5.0	0.031884	4.0	0.023062	2.9	0.015078	1.9	0.007127	0.9
7	0.040747	5.1	0.031884	4.0	0.023863	3.0	0.015875	2.0	0.007127	0.9
6	0.040747	5.1	0.031884	4.0	0.023863	3.0	0.015875	2.0	0.007127	0.9
5	0.040747	5.1	0.031884	4.0	0.023863	3.0	0.015078	1.9	0.007127	0.9
4	0.040747	5.1	0.031884	4.0	0.023863	3.0	0.015078	1.9	0.007127	0.9
3	0.040747	5.1	0.031884	4.0	0.023863	3.0	0.015078	1.9	0.006334	0.9
2	0.03994	5.0	0.031884	4.0	0.023062	2.9	0.014281	1.8	0.006334	0.8
1	0.03994	5.0	0.031884	4.0	0.023062	2.9	0.014281	1.8	0.006334	0.8
0	0.03994	5.0	0.031081	3.9	0.022262	2.8	0.014281	1.8	0.006334	0.8

附录六　果酒相关的技术标准

标准编号	标准名称	标准性质
GB 5009.225	酒中乙醇浓度的测定	食品安全国家标准
T/CCAA 25	葡萄酒及果酒生产企业要求	食品安全管理体系
GB 23200.14	果蔬汁和果酒中 512 种农药及相关化学品残留量的测定 液相色谱–质谱法	食品安全国家标准
GB 23200.7	蜂蜜、果汁和果酒中 497 种农药及相关化学品残留量的测定 气相色谱–质谱法	食品安全国家标准
GB/T 27588	露酒	国家标准
GB/T 15038	葡萄酒、果酒通用分析方法	国家标准
GB 2757	蒸馏酒及其配制酒	食品安全国家标准
GB 2758	发酵酒及其配制酒	食品安全国家标准
GB 12696	发酵酒及其配制酒生产卫生规范	食品安全国家标准
DBS64/515	枸杞果酒	食品安全地方标准
DBS63/0003	枸杞籽油（超临界二氧化碳萃取法）	食品安全地方标准
QB/T 5476	果酒通用技术要求	轻工标准
NY/T 1508	绿色食品 果酒	农业行业标准
T/GXAS 060	百香果果酒加工技术规程	团体标准
T/GXAS 061	香蕉果酒加工技术规程	团体标准
T/GXAS 090	火龙果果酒加工技术规程	团体标准
T/LYFIA 019	白果酒	团体标准
T/GZSX 061	刺梨果酒	团体标准
T/CBJ 5104	苹果酒	团体标准
T/GZCX 006	刺梨露酒	团体标准
T/CNFIA 103	沙棘露酒	团体标准
DB65/T 2977	果酒生产标准体系总则	地方标准

注：因标准在不断更新，读者可参考该表中的标准编号查询最新标准，故年份不写。

附录七　密度–总浸出物含量对照表（整数位）

密度 （20℃）	密度的第四位整数									
	0	1	2	3	4	5	6	7	8	9
100	0	2.6	5.1	7.7	10.3	12.9	15.4	18.0	20.6	23.2
101	25.8	28.4	31.0	33.6	36.2	38.8	41.3	43.9	46.5	49.1
102	51.7	54.3	56.9	59.5	62.1	64.7	67.3	69.9	72.5	75.1
103	77.7	80.3	82.9	85.5	88.1	90.7	93.3	95.9	98.5	101.1
104	103.7	106.3	109.0	111.6	114.2	116.8	119.4	122.0	124.6	127.2
105	129.8	132.4	135.0	137.6	140.3	142.9	145.5	148.1	150.7	153.3
106	155.9	158.6	161.2	163.8	166.4	169.0	171.6	174.3	176.9	179.5
107	182.1	184.8	187.4	190.0	192.6	195.2	197.8	200.5	203.1	205.8
108	208.4	211.0	213.6	216.2	218.9	221.5	224.1	226.8	229.4	232.0
109	234.7	237.3	239.9	242.5	245.2	247.8	250.4	253.1	255.7	258.4
110	261.0	263.6	266.3	268.9	271.5	274.2	276.8	279.5	282.1	284.8
111	287.1	290.0	292.7	295.3	298.0	300.6	303.3	305.9	308.6	311.2
112	313.9	316.5	319.2	321.8	324.5	327.1	329.8	332.4	335.1	337.8
113	340.4	343.0	345.7	348.3	351.0	353.7	356.3	359.0	361.6	364.3
114	366.9	369.6	372.3	375.0	377.6	380.3	382.9	385.6	388.3	390.9
115	393.6	396.2	398.9	401.6	404.3	406.9	409.6	412.3	415.0	417.6
116	420.3	423.0	425.7	428.3	431.0	433.7	436.4	439.0	441.7	414.4
117	447.1	449.8	452.4	455.2	457.8	460.5	463.2	465.9	468.6	471.3
118	473.9	476.6	479.3	482.0	484.7	487.4	490.1	492.8	495.5	498.2
119	500.9	503.5	506.2	508.9	511.6	514.3	517.0	519.7	522.4	525.1
120	527.8	—	—	—	—	—	—	—	—	—